東作紅木

中国·东作 2014

東方新奢 红木家具精品汇

主编 李黎明

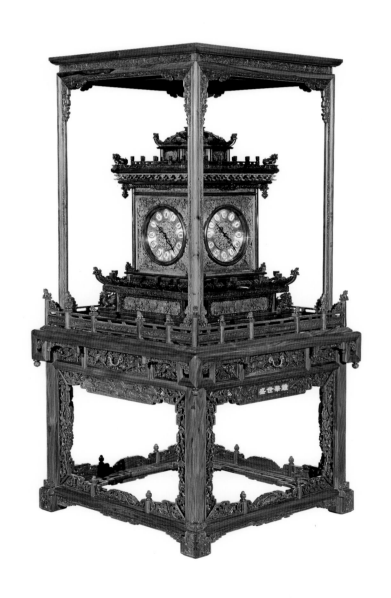

华中科技大学出版社
http://www.hustp.com
中国·武汉

《东方新奢 红木家具精品汇》一书即将付梓，我有幸连续三年为之作序，感到格外开心。此书的出版，在对宣传东作家具，展示东阳文化、提升东阳知名度和美誉度等方面具有重要的意义。

读者欣赏到的这些作品，是从2013年度中国红木家具"东作奖"评选活动中精选出来的优秀作品，是在东阳这个"百工之乡"逐步成长起来的工艺美术大师和众多能工巧匠，用他们独特的想象和审美，用他们精湛的技艺和手法，为大家展现的精品力作，总体上反映了我市近年来木雕红木家具创作的整体水平和发展成就。东阳市红木家具协会将这些参展作品结集成册，既是对我市木雕红木家具创作成就的阶段性总结，也为我市工艺美术界留下了一笔宝贵财富，为后学者提供了参考和借鉴。

当前，东阳正处在经济转型发展的关键时期，红木家具产业作为我市"浪潮经济"的特殊产物，作为传承"三乡"文化的重要载体和文化产业全域化发展的生动实践，其转型的重要性不言而喻。为此，我市正积极谋划出台红木家具产业转型政策，制定准入门槛，设立扶持基金，推动红木家具产业向规划化、集聚化、专业化、品牌化方向发展。而中国家具行业协会也将在我市开展传统家具大师评选试点，这些都为我市红木家具产业的转型及提升奠定了良好基础。我市红木家具行业协会要紧紧抓住这些有利条件，多为红木家具产业的发展出谋划策，多为红木家具文化的传承上下求索。尤其要在引导企业转型发展、开展共性问题研究、强化区域品牌推广、健全公共服务平台等方面发挥更大作用，使我市红木家具行业涌现出更多的名品、名企、名家，让东作家具像东阳木雕一样蜚誉全球。

仅此为序。

金华市委常委
东阳市委书记

序 二

神奇的东阳

东阳，位于浙江中部，是一个典型的南方城市。但是，它的活力和魅力让很多人在没有踏上这块土地之前就已经见识。

初识东阳是1982年到轻工业部工艺美术公司以后。那时组织"全国工艺美术展览会"，时时都见到东阳的名字。后来在《中国工艺美术》编辑部供职，也专门介绍过东阳的木雕艺人。当时，对于东阳的了解主要是名气很大的东阳木雕，当然，也包括那些精细的竹编。

后来再接触东阳是因为自己喜爱中国民间木雕，并进行收藏。这个时候的眼光更加集中。通过这门艺术，我对东阳有了较多认识。

如果乘飞机从杭州下，出机场往南向金华方向，以现在的全程高速一个多小时可抵东阳。若是义乌机场就更快了。就是从上海出发，三个多小时的车程也到了。

距离不远但是很奇怪，东阳的方言与同是浙江省内地区的杭州就相差很多，以致于一般的浙江人不一定听得懂东阳话。听着他们哇啦哇啦的对话，我以外省人的感觉，于心底无端揣测：他们的祖先或者是不同时期从中原某地避战乱来到这里定居的。也许像《桃花源记》中的人，只是没有封闭的条件，所以晓秦汉知晋魏。

我观察，东阳人与周边的人还是有一些不同的，这在当地人为人处事的方式和性格上都能体现出来。比如东阳人有股子韧劲儿，这种韧劲儿在其他地方的人看来有点近乎"轴"，实际上也是我们常通所说的有点"艮劲"。你看，一个红木家具仅数载就在东阳遍地开花，几个镇子都有做红木家具的企业，门店也开得鳞次栉比，令人目不暇接。短短的时间，东阳已经发展到2000多家红木家具生产企业，成为全国重要红木家具产区，在全国大产区里几乎"三分天下有其一"，实现了由无到大的奇迹。东阳，成为中国红木家具产业版图中最年轻的大产区。所谓"十步之内必有芳草"，其中不乏优秀企业，也产生了很多优秀作品。这不是一般的业绩，这是多少传统产区梦寐以求的创业发展，别人多少年没有做到的，东阳人实现了。若是没有点特殊的精神，没有点艮劲、韧劲是做不到的。我以为这件事比较能体现出东阳人的某些特质。

在木雕艺术发展上，也能反应出东阳人的与众不同之处。

中国民间木雕遍布华夏，深为普通老百姓喜闻乐见，深入宫廷、民间。在山西、山东、河北、河南、安徽、江西、湖北、湖南、江苏、浙江、福建、广东等地广为分布，明清以来蓬勃发展。主要表现在建筑、家具和宗教用品上，成为中国民间艺术中的奇葩。我走过很多地方，虽然有一些红木生产企业也非常杰出，然而没有哪一个如东阳的红木生产企业这样执着深入。

就说建筑吧，现存的卢宅虽然只剩一部分了，还是足以从中窥见东阳木雕的博大精深，看到它所达到的艺术高度。你可以从卢宅看到其雕刻手法的多样和高超，也可以看到艺术表现之生传神，亦可看到所涉题材之广泛丰富。

另外，从东阳现在存量庞大的花板、牛腿上也可以推想出当年木雕发展的恢宏场面。我甚至认为：以卢宅为代表的东阳木雕，曾经把中国民间木雕这门艺术，推向那个时代的顶峰。做为好爱者，我为东阳在中国民间木雕艺术上的成就感到骄傲。

再说继承发展。新中国以后，文化氛围有了很大不同，一些新的艺术元素也广泛冲击各个艺术领域。东阳木雕能够快速吸取这些新元素，在新时代形成一种不依附于建筑与家具的雕刻艺术门类，以全新的形式对传统东阳木雕进行诠释。20世纪后50年的东阳木雕表现形式，更多是作为一种独立的艺术品出现。这种表现形式把原来依附于建筑和日用品的木雕，逐步改造成在木质材质上以雕刻技艺完成的艺术品，使得东阳木雕在历史的基础上又前进了一步，艺术空间有了新的拓展，也出现了一批知名的雕刻艺术家。

木雕只是一种表现，其体现的是一种神识，是人的精神外延和物化，也是一个地区或一个民族文化的凝结。我们可以透过东阳木雕那种深入、细腻的刀功和表现，看到东阳人的精神世界和内心结构的表象。过去有"心有九窍"的说法，如果真有的话，东阳人一定会多出两个而显得玲珑剔透。

有了这样的底蕴，当东阳人再遇到红木家具这样一个千载难逢的机遇时，他们结结实实抓住了。虽然在发展中还有种种问题存在，但是我相信神奇的东阳一定能够顺利解决，从而创造出一个新的奇迹。

东阳还有许多故事，包括味道独特的香榧，且容慢慢道来……

2014年3月13日北京飞广州途中

中国家具协会副理事长
中国家具协会传统家具专业委员会主任
中国家具协会设计工作委员会主任委员

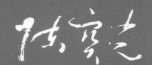

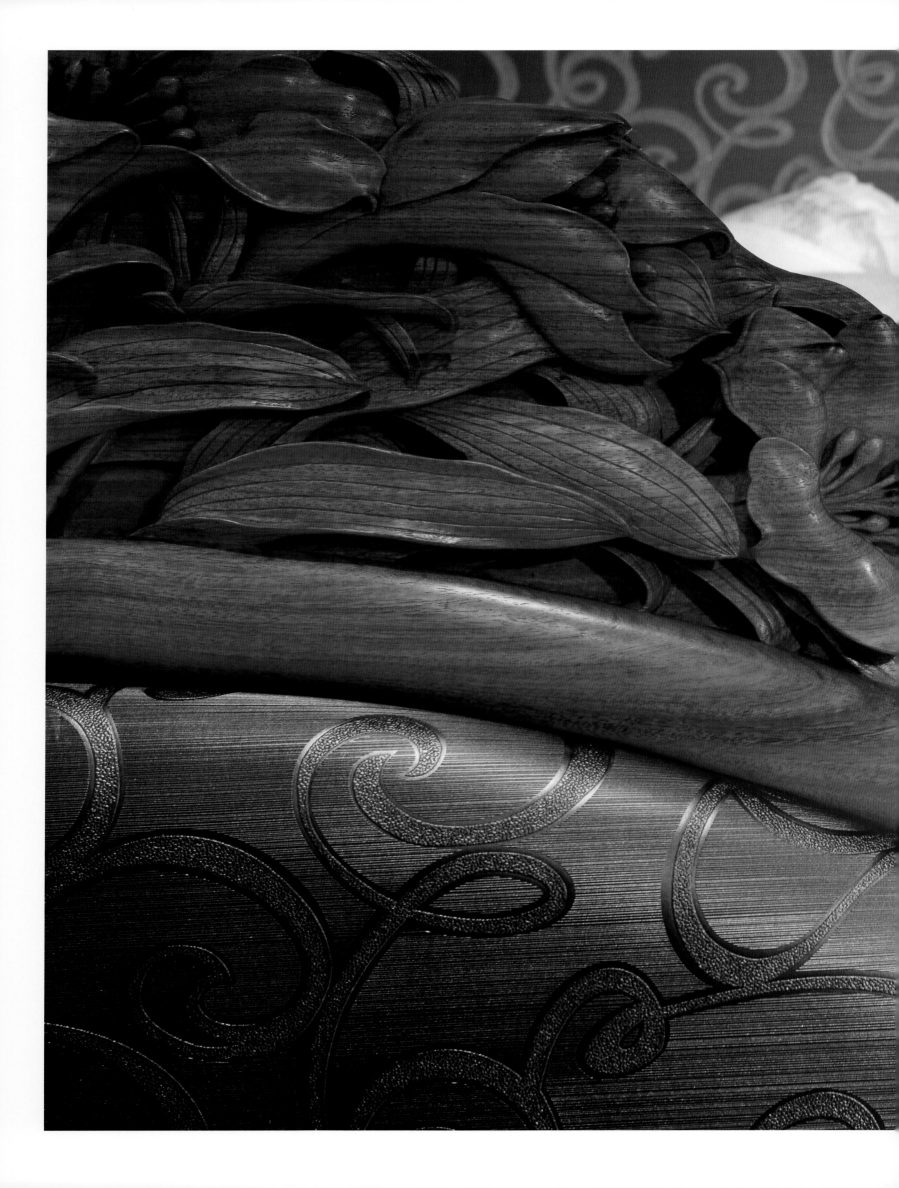

东作云及其核心优势

一、多维东作云模式

※东作云网站

※东阳红木家具市场

※东作云体验馆

二、巨大的供应链和采购体系

※全国最大的红木家具产业集群（2000余家红木家具企业）

※全国最大的红木木材集散地

三、真品保证

※全国最权威的木材鉴定机构——南林大木材科学研究中心出示材质鉴定证书

※首家实施"一书、一卡、一证"，引领行业规范

四、五大质量保障

※产品生产全过程的质量监督

※RFID电子芯片产品身份证

※三年免费，终生成本维护

※按区域及文化特征的红木材料下单体系

※全国知名保险公司承保

五、首创多维东作云系统

※东作云网络平台

※东作云远程流媒体系统，实时高清视频任游东阳红木家具市场

※东作云专业设计系统，专业私人定制，现实仿真家具配置方案

六、领航红木家具行业

※自2014年起，承办中国红木家具大会，打造红木家具全产业链的国家基地

※2013年8月，东阳市被中国家具协会授予"中国红木（雕刻）家具之都"

※拥有"东作"品牌，是全国五大红木流派中唯一的一个企业拥有的国家级品牌

※2010年被中国家具协会授予全国唯一的"中国红木家具规范经营示范市场"称号

※在全国专业市场中第一家设立国家级红木木材检测机构"南京林业大学木材科学研究中心东阳服务站"

※连续5年承办有"红木家具广交会"之称的全国红木家具经销商大会。由中国家具协会传统家具委员会主办，是全国唯一一个官方采购平台

七、扁平渠道，多维服务

※作为中国红木家具首家垂直O2O电商，东作云在线上线下均采用统一的产品和价格体系。通过整合行业优势，减小价值耗散，实现渠道扁平化，与消费者（商家、厂家）共享渠道红利，使红木家具真正能传承文化、走进千家万户

八、文化传承

※连续五年承办国家级东作红木家具精品评选，并出版专著

※中国传统家具大师的评审试点单位

※中国传统家具大师的作品展示平台

※筹建中国传统家具培训学院

九、设计创新

※受中国家具协会委托，筹建中国红木家具数据库

※东作红木家具技术研究开发中心

※东作云设计师创作集群

十、包装物流

※与专业研发机构合作，创新红木家具包装

※坐享最便捷的义乌全球物流系统

东作红木家具概论

一、东作家具的历史渊源

　　东阳素有"婺之望县"的美称，东作家具为"东阳三绝"的翘楚（另二绝为东阳木雕、东阳竹编）。东作家具源于西汉，南寺塔下的残留家具木雕配饰，距今已有一千八百余年的历史。据《史记》记载，此为中国家具史上有记载的最早的家具木雕配件。

　　商周到西汉时期，中国人的生活方式是席地而坐，到东汉、南北朝时逐渐有了高形坐具，在唐代已是垂足高坐了，到宋代则已经完全脱离席地而坐的方式。明隆庆初年，开放"海禁"，硬木开始进入中国，为明式风格家具提供了发展的物质基础。明式家具是中国家具史上的高峰，以简约流畅备受推崇和赞誉；清式家具则是中国家具发展史上的另一个高峰，尤以清代宫廷家具为代表，厚重繁华、富丽堂皇为其显著特点。

　　在中国家具发展史上，始终闪现着江南一带工匠的身影，他们或流连于民间作坊，或受聘于达官贵人，或应召于皇家贵族。地处浙中的东阳，在全国范围内，制作家具的能工巧匠人员最多、分布最广，技艺也是最精巧的。所以东作家具在历代都深得各阶层人士喜爱。至今，仍有越来越多的人不断加入到传统工艺的设计、制作和销售的队伍中。

　　如果以东作流派历史渊源为前提，以东阳企业数量为基础，那么东阳绝对是红木家具发展史上不可或缺的生产聚集区，对行业、市场具有越来越深远的影响。现在东阳市本地红木家具生产企业已达2000多家，东阳人在全国各地的红木家具生产企业可谓占尽中国红木生产的半壁江山，论规模、论实力、论技术，东作家具都在业内首屈一指。

二、东作家具的基础文化

　　卢宅是中国江南园林建筑的独特代表，其建筑特色根源于东阳能工巧匠在建筑、装饰雕件上的充分运用。它集中体现东阳木雕艺人、木匠艺人、漆作艺人、民间设计师强大的制作力和创新意识。因此，卢宅在无形之中影响了东阳在家具发展和家具制作上的工艺运用，使东作家具具有独特的江南文化特色。

　　东阳民间历来重视婚嫁迎娶，盖房做家具成为婚娶中不可或缺的环节，由此形成的需求市场，为众多能工巧匠提供了施展技艺的平台。因此，在东阳的家具历史上留下诸多建筑精品和家具精品。而工匠间相互争奇斗艳、相互切磋技艺，又极大地促进了东阳当地的红木家具业发展，也使得东作家具从业人数占到了东阳全市人口的六分之一。从业人员队伍的不断壮大，使东阳红木家具出现供过于求的现象，导致众多艺人背井离乡、外出谋生。明清时期东阳艺人已经遍布全国，把东阳的传统技艺诸如家具、木雕、竹编、油漆等在全国各地发展开来。至今，在全国许多地方的建筑和家具上，都有着东阳技艺的影子，如安徽的徽派建筑和山西的古建筑。

　　东作家具的形成源于东阳"百工之乡"的基础，而东阳的"百工"在外出各地行艺时又将其发扬光大，深深地影响了其他流派。因此，追本溯源，东作家具在影响其他流派的家具中功不可没。

三、东作家具的风格特点

东作家具在明清时期曾达到历史的巅峰。清代的康熙、雍正、乾隆时期的造办处，诸多技艺高手均来自江南一带，以东阳的能工巧匠居多。在明清时期的家具中，东作家具的风格就已形成，并留下诸多精品。具有精雕细凿、形神兼备、经久耐用、富有深厚文化底蕴等特点，使东作家具在各流派红木家具中独树一帜。据《造办处话计档》记载，乾隆三十六年十二月十九日，杭州织造寅保在进贡单中将东作家具高手精制而成的紫檀琴桌、紫檀山水纹宝座列为贡品。据此考证，在京作、苏作、广作、晋作各大流派中，东作的风格、特点、神韵、技艺均汇于其中。东作家具的风格特点有如下几方面：

1. 在创意设计中，造型庄重、比例适度、轮廓优美、匠心独具，体现了以江南人文为特色的审美理念。

2. 在工艺制作方面，尤其以东阳家具作为木雕的独特载体而独步国内。红木家具集中体现为精雕细凿、华丽深浚，在刀法上明快简洁、圆润饱满。运用松散式的构图手法，艺术化的设计布局，将疏可跑马、密不插针的中国传统绘画的诸多意境都运用到了东阳木雕之中。其中最为突出的是浅浮雕技艺在家具上的充分运用，它薄而立体、密而清晰、饱满丰润、栩栩如生，实为东作家具中的一绝。

3. 在木工制作上，东作家具集中体现了结构严谨、榫卯精密、坚实牢固、历久不散的工艺精华。

4. 在漆艺上的处理达到高超的艺术境界，光泽厚润，用漆精良，端丽典雅，以山上的野蜂蜡为原料，不仅环保，而且自然美观，体现了内在美与外在美的统一。

东作概念的家具特色源自民间，还至民间。在设计制作中也以中产阶级为对象，进行了大量的实用性产品的生产制作，以科学合理、优美舒适、持久耐用为特点的人性化设计，得到了人民群众的喜爱和赞扬。

东阳市红木家具行业协会简介

东阳市红木家具行业协会成立于2008年11月5日，是东阳市红木家具生产、经营企业自发组成的社团组织。协会以"管理、交流、服务、协作、创新、发展"为宗旨，发挥企业与政府、企业与企业、企业与专家间的桥梁纽带作用，以弘扬东阳红木家具文化、传承东阳红木家具艺术、促进东阳红木家具产业发展为己任。

协会设会员大会、理事会、秘书处。会员大会为协会最高权力机构，理事会是协会执行机构，在会员大会闭会期间行使大会职权。会长为协会的法定代表人，秘书处是协会的常设办事机构，负责处理协会日常事务，实行会长领导下的秘书长责任制。

协会现有168个会员，主要为东阳市红木家具骨干企业、规模较大的企业、大型红木家具卖场及专家会员等。

2008年11月，协会聘请国内著名专家，组成了专家委员会，其成员有：中国文物鉴定委员会委员、中央电视台"鉴宝"栏目特邀木器鉴定专家张德祥，北京故宫博物院研究员、中国文物鉴定委员会委员胡德生，上海博物馆研究员、中国明清家具鉴定专家王正书，中国明式家具研究所所长、国家工艺美术专家库成员濮安国，亚太地区手工艺大师、中国工艺美术大师、中国工艺美术学会木雕艺术委员会会长陆光正等。

2009年6月，协会与南京林业大学木材科学研究中心在东阳红木家具市场共同设立"南京林业大学木材科学研究中心东阳服务站"，为东阳红木家具生产、经营企业和红木家具消费者提供红木家具材质认定和红木树种鉴定，保证产品质量，防止假冒伪劣和以次充好等质量问题的发生，大大提高了消费者对东阳红木家具品牌的信任度和美誉度。

2009年9月，为使东作家具更具东阳特色，打造东阳红木家具在全国市场的高品质形象，努力使东阳红木家具"东阳制作"的符号在全国独树一帜，设立了协会的第二个专业委员会"东阳红木家具行业协会设计专业委员会"。

2010年9月，协会被增补为浙江省工艺美术行业协会副理事长单位。

2010年12月，为顺应东阳市红木家具产业发展中对新产品、新技术及人才需求的不断增加，与南京林业大学的家具与工业设计学院和木材工业学院牵手设立了"东作红木家具技术研究开发中心"，将社会技术人才与院校专家资源整合，不断提高东阳红木家具企业的新产品研发能力和工艺水平，对提升东阳红木家具在行业内的领先地位具有重大意义。

协会成立三年多以来，牢固树立服务意识，积极沟通和服务于全市红木家具企业，为促进东阳红木家具产业的健康发展做了大量服务工作：2009年4月与中共东阳市委宣传部共同拍摄制作《话说东阳——东阳红木家具篇》形象宣传专题片；2008、2009年连续承办两届"中国红木古典家具理事会年会"，2009、2010、2011年分别举办首届、第二届、第三届"中国红木家具经销商大会及华东地区红木家具采购交易会"；2009年8月协同政府相关部门在全行业内开展"东阳红木家具知名品牌企业""东阳市红木家具十大精品"评选活动；2009年12月与浙江广厦建设职业技术学院、南京林业大学木材科学研究中心联合举办"红木家具营销知识（中级）培训班"；2010年8月与中国家具协会传统家具专业委员会联合举行"2010年度东阳红木家具精品金奖""2010年度东阳红木家具最佳创意奖""2010年度东阳红木家具最佳工艺奖""2010年度东阳红木家具精品奖"的评选活动；2011年9月与中国家具协会传统家具专业委员会联合举行"2011年度中国红木家具 '东作'奖"评选活动；2010年11月与东阳市劳动局再就业训练中心合作举办第二期"红木家具营销员（中级）培训班"，组织优秀企业的优秀作品抱团参加全国的大型展会等一系列卓有成效的活动，推动了东阳红木家具产业的迅速发展。

2011年11月，被增补为中国家具协会常务理事单位。

东阳红木家具市场简介

东阳红木家具市场成立于2008年，总经营面积近12万平方米，汇聚了"友联为家""明堂红木""大清翰林""国祥红木""施德泉红木""怀古红木""万家宜""中信红木""旭东红木""年年红""万盛宇"等全国及东阳逾百个知名红木家具品牌，是目前国内单体经营面积最大的红木家具专业市场。

东阳红木家具市场，坐落在东阳世贸大道与义乌阳光大道交汇处，毗邻义乌国际商贸城、中国木雕城、东阳国际建材城，距离义乌核心商圈仅8分钟车程，向西1000米处即为甬金高速义乌出口，交通极为便利。

东阳红木家具市场特邀国内最具权威的木材鉴定机构——南京林业大学木材科学研究中心，在市场设立了"南京林业大学木材科学研究中心东阳服务站"，该服务站是国内首家专业红木家具市场面向全体经营者及消费者提供红木家具材质鉴定的专业服务机构，为消费者购买货真价实的红木家具提供保障。

在2010年9月召开的第二届全国（东阳）红木家具经销商大会上，东阳红木家具市场被中国家具协会、浙江省家具行业协会联合授予"全国红木家具规范经营示范市场"荣誉称号。

东阳红木家具市场将继续以一流的产品、先进的管理、热情周到的服务、宽敞舒适的购物环境，热忱欢迎全国各地知名品牌加盟及红木经销商和顾客朋友前来鉴赏选购！

市场地址：东阳市世贸大道599号（浙江海德建国酒店对面）
服务热线：0579—8633 3333　传　真：0579—8636 5161
网　　址：www.dyhmjjw.com

目录
CONTENTS

东作红木家具精品 · 特别金奖作品

盛世华钟

作品材质：大红酸枝、小叶紫檀、黄花梨
作品规格：1000mm×1000mm×2000mm
出品日期：2013年
出品企业：浙江大清翰林古典艺术家具有限公司

作品简介：此盛世华钟外形借鉴了建筑装饰中如斗拱、梁、木方、牛腿、雀替、栏杆等物件。器身以小叶紫檀为主材，层屉之间镶嵌绦环板，采用黄花梨制作。黄紫相间、金玉满堂、赤色赤光，微妙香洁。顶部华盖罩顶，代表官禄有位。内设黄花梨绦环板，精雕八仙过海图形，外置大小错位孔洞式飞檐，四边阶道饰以缠枝牡丹白玉栏杆，七层八重的构造寓意七子八孙世世代代富贵久享。中间层四面绦环板精雕牡丹、荷花、菊花、梅花四季花鸟图案，喻指四季大发、平安和睦。中间圆形处开光正好镶嵌时钟，四面安时钟，暗示终生圆满乐顺。正所谓"古时钟鸣鼎食人家，今朝飞黄腾达门户"。钟，古时为法象之器，庙堂陈设，其形端正、其体安重，放置家中正其位、聚其气，中国自古标榜："诗书传家久，礼义振家风。"希望世代子孙有继，家业长存。所以富贵人家都置钟，意在"终日钟声撞不断、夜以继日修身忙"，"不修身无以齐家，不修身无以致福"，也是儒家思想的具体写照。此器以大红酸枝为座基、中正平和。四围牙板雕刻童婴嬉戏图、福在眼前等吉庆祥和之气充满其中。设计为心性造化之物，此器源于吴腾飞大师对于传统文化的深刻理解，而器具又最能诠释其中的义理。

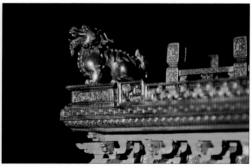

盛世華鐘

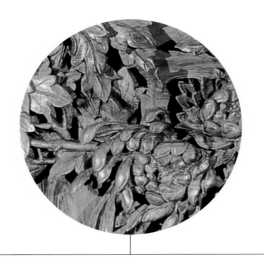

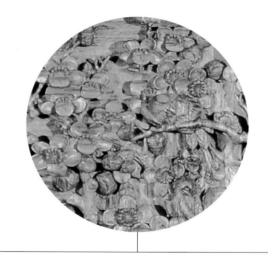

文人雅士书房系列

作品材质：大红酸枝
作品规格：书桌2760mm×880mm×1280mm
　　　　　书柜4200mm×570mm×2450mm
出品日期：2013年
出品企业：东阳市华龙工艺品有限公司

作品简介：整套家具由书桌、办公椅、书柜三部分组成。选用珍贵的老挝大红酸枝精雕细刻。家具上运用东阳纯手工雕刻手法，雕刻了不同动态的文人雅士。家具严格按照规范的榫卯结构制作，确保每个榫卯结构严密无缝。整体观看作品，高山俊秀挺拔，松树苍劲有力，亭台外文人雅士在欣赏美景，吟诗作赋，展现在世人面前的是一幅幅赏心悦目的山水佳作。装饰画面整体主次分明，疏密有致，使整套家具造型庄严稳重、美观大方。

荷塘月色沙发

作品材质：红酸枝（东南亚）
作品规格：三人位2090mm×750mm×850mm
二人位1470mm×750mm×850mm
单人位920mm×750mm×850mm
出品日期：2013年
出品企业：东阳市韦邦家具有限公司

作品简介："小荷才露尖尖角，早有蜻蜓立上头。"本套家具让你了解什么是朴素、内敛的优雅，用明式家具经典的造型退去浮华的气质，它是炎炎夏日里，西湖楼阁窗前一抹亮丽的风景，在这里，冲一杯原味咖啡就可以，在波光粼粼中享受一个人的惬意。

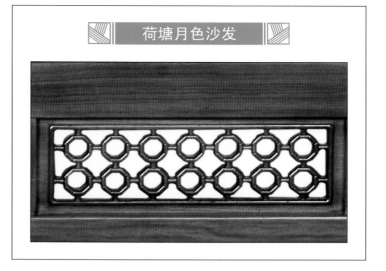

荷塘月色沙发

东作红木家具精品 · 金奖作品

清明上河图宝座

作品材质：大红酸枝、紫檀木、香枝木
作品规格：2200mm×1300mm×1700mm
出品日期：2013年
出品企业：浙江大清翰林古典艺术家具有限公司

作品简介：清明上河图宝座椅背撷取北宋张择端名画《清明上河图》中最繁华的一段街景，这里车水马龙、熙熙攘攘，是名副其实的水陆交通会合点。雕刻不同于绘画，东阳木雕经历代艺人不断探索，改进技艺，使木雕艺术向"画工体"转变，组织紧凑，结构完整，所雕人物体态不同，动静姿态千差万别，充满了生活情趣，观此图犹如身处喧嚣闹市，听闻河中水浪滔天。

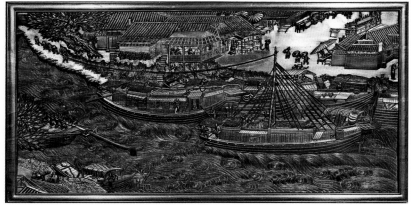

红木家具精品汇

中国・东作

028/029

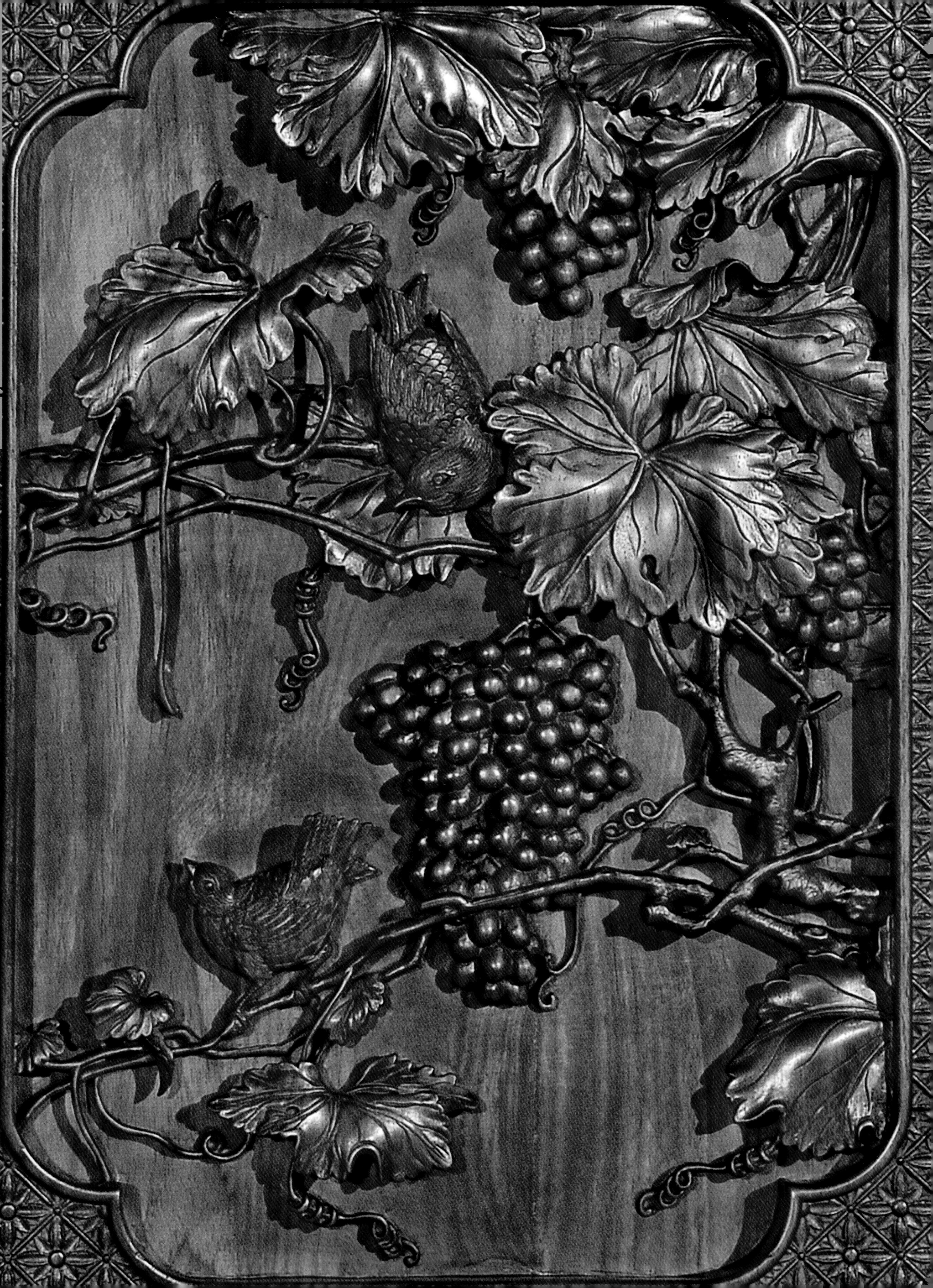

清明上河图宝座

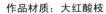

清明上河图沙发

作品材质：大红酸枝
作品规格：3600mm×3300mm
出品日期：2013年
出品企业：东阳市华龙工艺品有限公司

作品简介：清明上河图沙发材料采用大红酸枝。此家具选材无瑕疵修补、无白边材、不掺辅料，整套家具纹理色差相近，严格按照规范的榫卯结构制作，确保每个榫卯结构严密无缝。靠背板截取《清明上河图》的画面，运用浮雕技法，将当时汴京的繁华景象表现得淋漓尽致，画中人物栩栩如生。靠背板反面雕刻了元代著名书画家黄公望的《富春山居图》，描绘了富春江两岸初秋的秀丽景色。装饰画面整体主次分明，疏密有致，雕花花板正反面属于整板雕刻，整套家具造型庄严稳重、美观大方。

■东作红木走进现代生活

東作紅木家具精品 · 金奖作品

大团圆圆台

作品材质：卢氏黑黄檀（马达加斯加）
作品规格：2360mm×800mm
出品日期：2013年
出品企业：东阳市振宇红木家具有限公司

作品简介：本作品以中国工笔画的构图方式，以华夏文化"十二生肖"为题材绘制于圆台面上，圆台中心转台，以一个圆盘的形式出现，周围配以十二种花卉，代表12个月份，中间以可爱、憨厚的中华国宝熊猫"团团""圆圆"的名字来点题为《大团圆圆台》。再将十二个以十二生肖为主题的餐椅围绕圆桌而设。泥雕的雕刻技艺表现加上卢氏黑黄檀的色泽，使雕刻出来的动物形象更逼真、更精细、更生动，寓意为"四世同堂，共聚一桌，幸福美满，兴旺发达"。

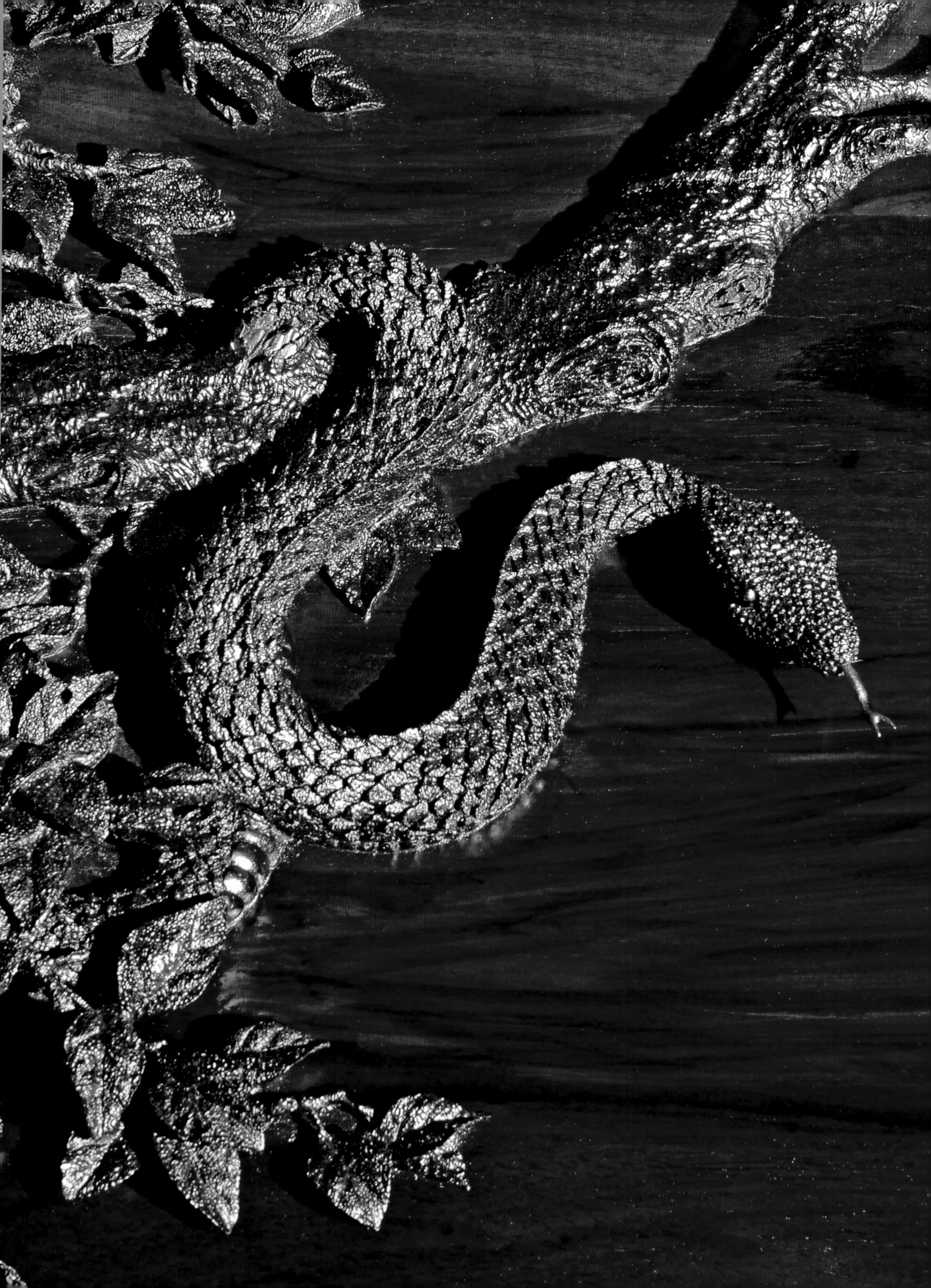

东作红木家具精品·金奖作品

大团圆圆台

荣华富贵大床

作品材质：大红酸枝
作品规格：2300mm×2000mm×2070mm
出品日期：2013年
出品企业：浙江中信红木家具有限公司

作品简介：荣华富贵大床采用高贵的大红酸枝材料，主体规格为2300mm×2000mm×2070mm，从2012年11月开始设计，到2013年8月上旬制作而成。荣华富贵大床设计理念为：以荣华富贵为主线，贯穿全程。用镂空雕方式对靠背进行设计：上方吉祥双星，九龙之尊祥龙；中心采用圆形图案浅浮雕方式，孔雀在优美环境中，象征人们高尚、富贵、安逸的幸福生活；两侧为锦鸡、凤凰、松鹤延年、长年逸寿；沙发主体前拼雕鹿、喜鹊、蝙蝠、龙、鹤、凤凰、牡丹象征富贵。底座周边采用栏杆古建元素，衬托床体的荣华富贵。

荣华富贵大床

明慧沙发

作品材质：缅甸花梨木
作品规格：长沙发1980mm×580mm×380mm
　　　　　背板高1055mm
　　　　　平　几1280mm×1080mm×520mm
出品日期：2013年
出品企业：东阳市明堂红木家具有限公司

作品简介：明慧沙发，在融合浮雕、镂空雕等东作家具传统雕刻的基础上，吸取工笔重彩、以线立骨的檀雕技法，使整套家具呈现出雄浑大气又不失细腻的艺术效果。其中，东式檀雕在写实中进行肌理处理并加以提炼，使得画面层次鲜明，尤其是对鸟类的羽毛处理，更是栩栩如生。我们更愿意把这一系列看作是与明代家具的一场对话。这其中有我们对明代家具的理解和提炼、简化和延伸，它同时也适合现代起居生活，蕴藏着新的生命力。传统家具将士气与风度、平素与节度、高古与雅逸被表现得淋漓尽致。

红木家具精品汇

中国·东作

明慧沙发

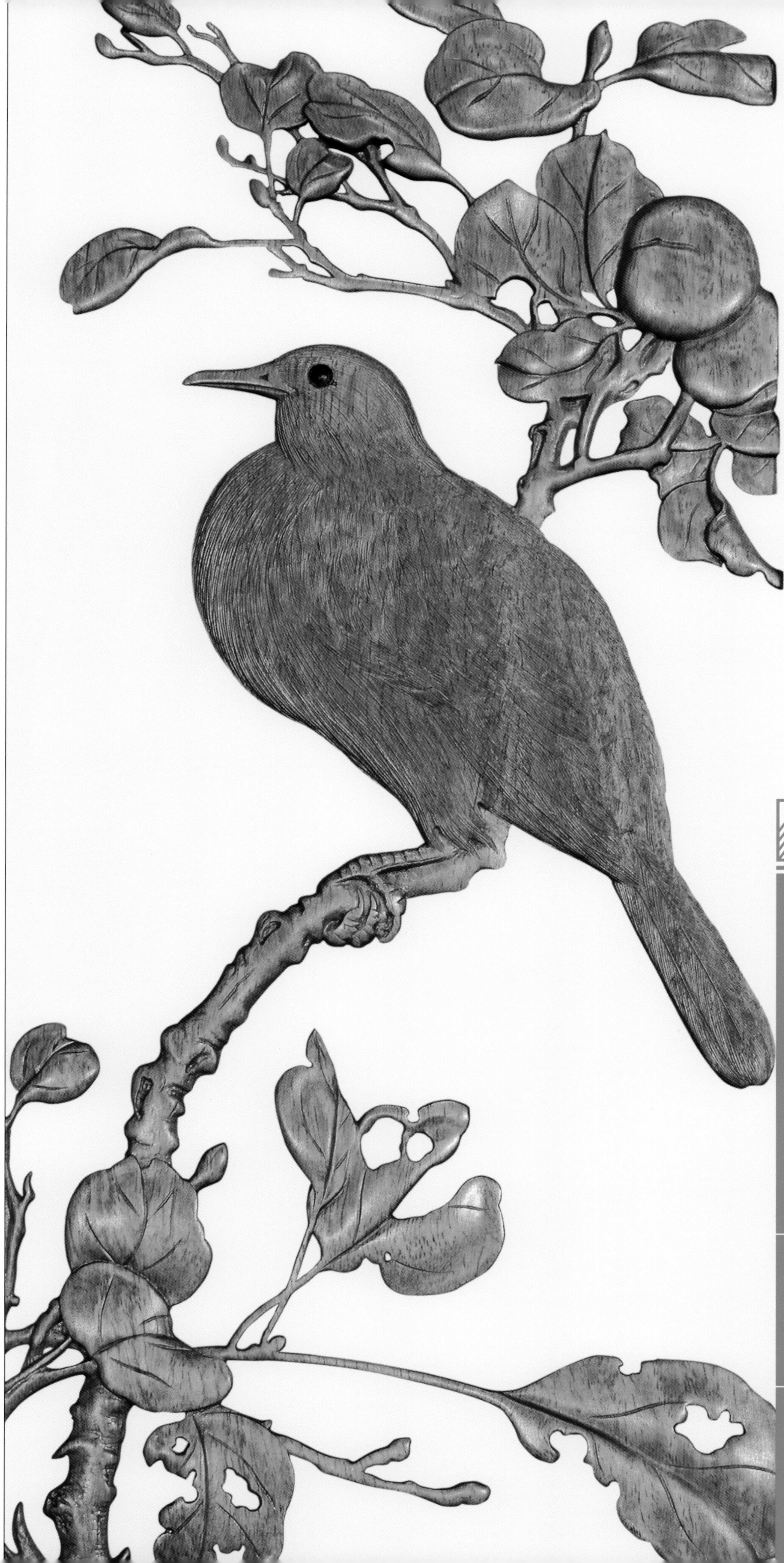

 **花好月圆圆桌**

作品材质：缅甸花梨木
作品规格：1300mm×780mm
出品日期：2013年
出品企业：东阳市韦邦家具有限公司

作品简介："今朝月圆花更好，桂花满枝扑人面"，细腻
的线条，优雅的结构，宁静而高贵的纹理，散发着木质的
芬芳。本套家具兼顾了实用性与舒适性。在现代家居里体
现出云高风清的淡泊，时光在这一瞬间定格了。

琴棋书画顶箱柜

作品材质：紫檀木（印度）
作品规格：2380mm×600mm×2380mm
出品日期：2013年
出品企业：东阳市中艺红木家具厂

作品简介：选取名贵的小叶紫檀为原料，用料大气，设计严谨，雕刻图案以"琴棋书画"为蓝本，运用东阳木雕的半圆雕、镂空雕、浅浮雕等手法使作品构图清晰、层次分明、流畅自然，使实用性、观赏性、收藏性三者完美结合。

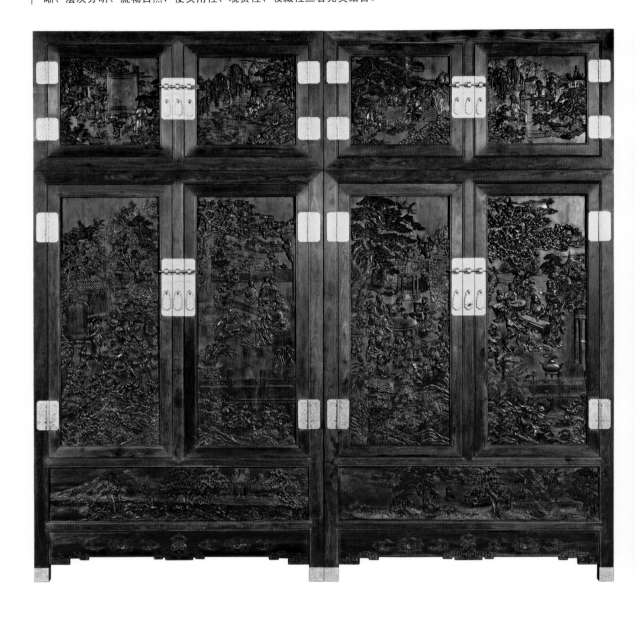

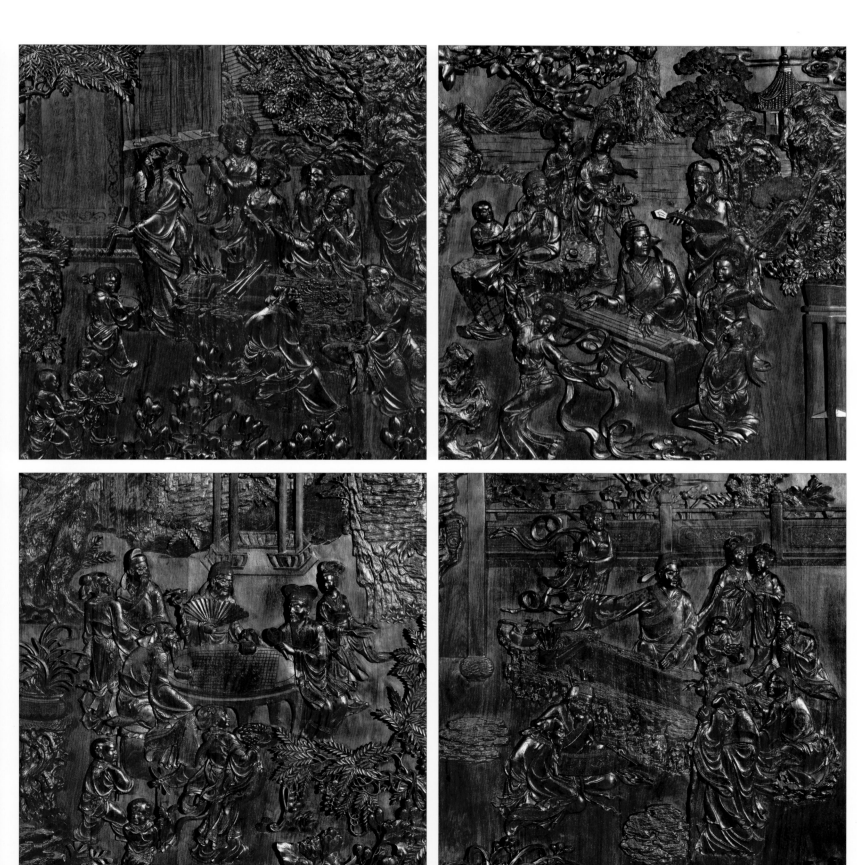

红木家具精品汇

中国·东作

052/053

百合金屋

作品材质：花梨木（缅甸）
作品规格：2780mm×3080mm×2300mm
出品日期：2013年
出品企业：纳兰荣府木雕·家具

作品简介：此床以"百合"为主题，结合了现代人居住的特点，汲取东阳木雕技艺精华，用硬质红木表达着百合花的柔润，使整张床营造出一种艺术、舒适、温馨的氛围，展现出居室主人不同凡响的典雅、尊贵。"百合金屋"寓指"金屋藏娇妻，百年永好合"之意。在这个浮躁、繁杂的社会里，生活的艰辛使得人们愈加怀念孩童时代无忧无虑的生活。宁静的夜晚，躺在这张床上，您不禁会回想起小时候妈妈亲手放下帐幔，让孩子安然入睡的场景，也会不觉憧憬起在未来的日子里夫妻生活和美、事业蒸蒸日上。百合金屋让这份甜美、安宁在夜晚弥漫，在心中永驻。

百合金屋

作品材质：红酸枝（东南亚）

作品规格：床2180mm×2080mm×1060mm　　　床头柜550mm×450mm×520mm

出品日期：2013年

出品企业：浙江卓木王红木家具有限公司

作品简介："智欲其圆道，行欲其方正"。"圆"，是中国道教通变、趋时的学问；"方"，是中国儒家人格修养的理想境界。圆方互容，儒道互补，构成了中国传统文化的主体精神。"天圆地方"蕴涵"日月天空"和"生命大地"。大床四面方正有棱角，型于外而圆于内，线条简单，圆弧柔和，气度从容博大，好似天地都包容于其中。寓意着"心性圆融以通达，命事严谨而成条例"。外方内圆的设计，更具现代感的线条，精湛工艺展露无疑。遵循人体工程学，力求使用者感到舒适。纯手工打造，充分体现了精湛的工艺及高远的文化境界。卧栖于此，天地尽显其间，气定神闲，怡然自得。

红木家具精品汇

中国·东作

卷书南官帽椅

作品材质：卢氏黑黄檀
作品规格：1600mm×500mm×1090mm
出品日期：2013年
出品企业：广东新会福兴古艺家具

作品简介：本套家具的设计简洁、清晰、顺畅，展现出明式风格。在制作方面，
精镶黄杨木，展现出精致的美感；传统榫卯制作工艺，坚固、美观、实用。

东作红木家具精品 · 精品奖作品

八仙桌

作品材质：红酸枝（中美洲）
作品规格：1080mm×1080mm×780mm
出品日期：2013年
出品企业：东阳市明清宝典木雕工艺厂

作品简介：
八仙桌采用东阳木雕技法，采用浅浮雕、镂空雕表现出"福禄寿喜"的文化内涵，工艺精湛，采用传统榫卯结构，表现出浓厚的中国传统气韵。既有实用价值，又有观赏价值。

中国梦富春山居和谐书房系列

作品材质： 大红酸枝
作品规格： 书桌3810mm×1550mm×950mm
书柜5890mm×520mm×2610mm
椅子1280mm×690mm×1330mm
出品日期： 2013年
出品企业： 浙江卓木王红木家具有限公司

作品简介： 以历史巨作为原型。此作品以元代画家黄公望的传世名画《富春山居图》为主雕花原型，此图传承了画作万物静观、沉淀出清明悠远的生命情怀。状林泉而深秀，撷云水之空灵。树拥村舍，水漫沙汀。渔舟泛碧，杳霭无声。寄情于景，文人雅士品茗阅卷于此，体现出淡泊名利的悠远情怀；隐喻着当代国人在物质文明基础之上对精神文明的不懈追求。以"和"为中心思想："和"是精神的融合，是心灵的协奏，是美德的弘扬，是人与自然的和平共处。书柜雕花主题以"和"为主旨，表现了中华民族"和谐致远、天人合一"的东方思想，诠释着繁荣盛世的生活和美的景象。以弘扬"中国梦"为主旨："中国梦"归根到底是人民的梦，人民的梦归根到底是家庭幸福的梦。书柜上方的雕刻以"家和万事兴"为主题，传颂着新时代国民对"幸福、和美、安康"的生活追求，寓意着国家和睦，民族团结才能繁荣昌盛。体现了"中国梦"以人民梦为根本，弘扬"爱国爱家，团结一心，实干兴邦，创新拼搏，共同出彩"的时代精神内涵。以"基业长青"为韵寓：岁月易逝，逝不去的是民族复兴的代代相传，是一代代青年人前赴后继的拼搏精神。班台上雕花以《四景山水图》为主题，寓意着书房主人基业长青、事业永固，更象征着中华民族复兴大业的代代传承、国运恒昌。以"气象恢宏"为展望：班台正面雕花以《雪江归棹图》为主题，象征着书房主人事业兴盛、产业辉煌的成就，同时也是对实现"中国梦"，民富国强，繁荣昌盛的恢宏气象的展望。

中国梦富春山居和谐书房系列

写意东方沙发

作品材质：花梨木（缅甸）
作品规格：1180mm×655mm×1030mm
　　　　　座高250mm
出品日期：2013年
出品企业：浙江中信红木家具有限公司

作品简介：写意东方沙发雕刻图案采用祥云纹理，可以称得上"行云流水"。通过简炼的造型、流畅的线条、匀称的比例、严密的榫卯、自然的木材纹理，体现出作品独特的东方家具和谐美。椅脑、靠背采用浅浮雕祥云，靠背两侧采用传统镂空技艺，沙发脚采用拱形设计，显示其大气和稳定；扶手采用弧形条板并排制作，中心区域雕刻如意，象征吉祥，座位采用软体座垫，让人倍感舒适。写意东方沙发选用优质缅甸花梨木制作。

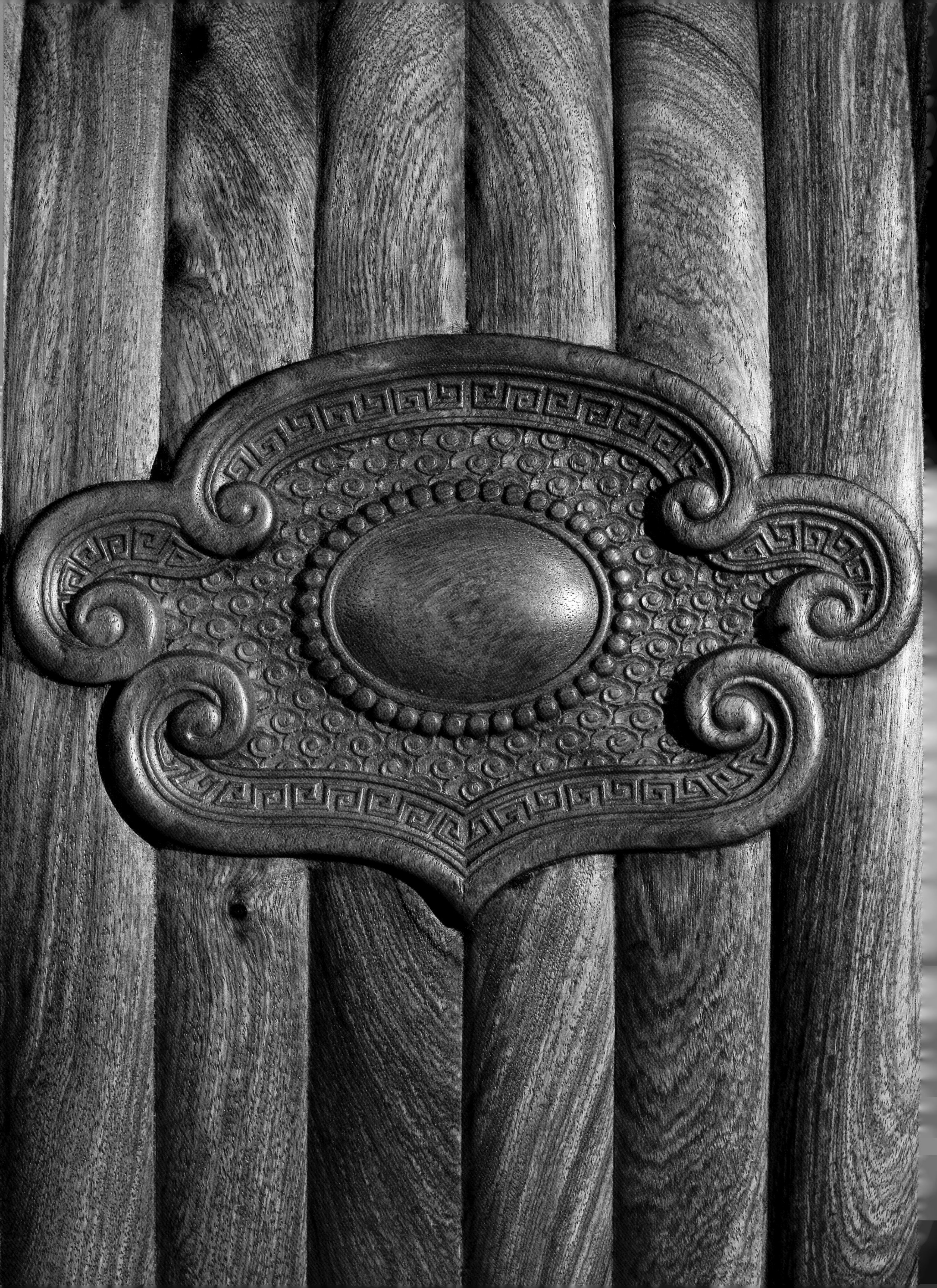

红木家具精品匯

中国·东作

■ 东作红木走进现代生活

卷书餐桌七件套

作品材质： 大红酸枝
作品规格： 1420mm×920mm×780mm
出品日期： 2013年
出品企业： 东阳市百年好红木家具有限公司

作品简介： 卷书餐桌七件套，尺寸按标准家庭使用而定，繁而不琐，高贵大气，充分体现了设计师以人为本的理念，使人在用餐时收获一份快乐心情。

深雕龙纹顶箱柜

作品材质：大红酸枝
作品规格：2560mm×580mm×2560mm
出品日期：2013年
出品企业：北京德恒阁红木家具有限公司

作品简介：作品将京作家具工艺与东阳木雕技艺完美融合，整体造型稳重大气、气势恢宏。花板构图合理，在雕刻上综合运用了东阳木雕浅浮雕、深浮雕、镂空雕、半圆雕等多种技法，将京作家具中常见的云龙戏珠纹表现得活灵活现。除了花板图案是常见的京作纹样，作品在榫卯、木作、烫蜡等方面同样体现出严谨、精细的京作工艺，譬如在顶箱柜的榫卯细节上，柜面板和腿足间的棕角榫处留出了抬肩，"三碰肩"而非"三碰尖"，对家具本身起到一个很好的保护作用。细微之处都如此一丝不苟，整套家具的做工自然不言而喻，堪称京作家具与东阳木雕融合的典范。

杭生二号盛世中堂

作品材质：红酸枝（中美洲）
作品规格：2520mm×640mm×1200mm
出品日期：2013年
出品企业：东阳市大联红古艺家具厂（杭生红木）

作品简介：整件作品基于传统，融入创新，大小格局排列形成对比，疏密有致，稳重典雅，线条刚柔结合，充分体现了设计者的用心。

杭生二号盛世中堂

红木家具精品汇

中国·东作

中华御品

作品材质：红酸枝（中美洲）
作品规格：2620mm×1080mm×2120mm
出品日期：2013年
出品企业：东阳市振宇红木家具有限公司

作品简介：此作品将传统官帽椅与圈椅巧妙结合，加以背板深雕的双龙图作点缀，着力表现在花板之间，以抽象意境的"中国龙"给人以无限遐想。制作工艺秉承传统榫卯结构与四大木雕中具有特色的东阳木雕组合，现代创新设计与构思和谐一致，庄严大方，细节线条圆润饱满，雕刻层次分明，体现了中国传统文化内涵，成就了国人对艺术之美的追求。

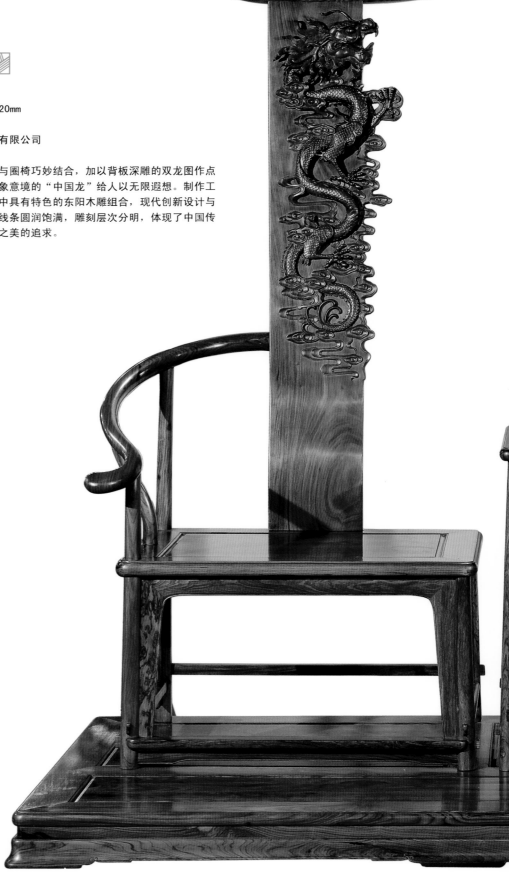

曲韵六件套沙发

作品材质：大果紫檀
作品规格：三人位1980mm×690mm×930mm
　　　　　二人位1480mm×690mm×930mm
　　　　　长　几1380mm×890mm×500mm
　　　　　方　几600mm×600mm×600mm
出品日期：2013年
出品企业：东阳市康乾红木家具有限公司

作品简介：创意灵感来自中国传统杂技，强壮的汉子蹲着马步牢牢地托住舞着长袖的仙女，任凭娇小的身躯在他的肩上上下翻飞，二人刚柔相济，力与美得到完美结合。根据创意的灵感，沙发脚干净利落、方正有力。而沙发扶手和靠背由多种曲线组成，靠背似仙女舞动的水袖，靠背与坐板之间用一组弯曲的圆杖支撑，扶手打破左右对称的传统家具样式，由两种不同的明式扶手组合而成，有一种现代流行家具的混搭风格。这套沙发即保留了中国明式家具的特点，也突破了传统家具的设计理念，沙发中间的靠背板用镂空雕的方法，雕有一朵牡丹，既彰显了富贵又起到画龙点睛的作用，这套沙发还注重实用和舒适性，沙发配置以1+2+3方式，靠背还考虑到人体工程学的因素，采用传统的榫卯结构制作。

 OC-646型洗脸台

作品材质：刺猬紫檀
作品规格：1200mm×610mm×845mm
出品日期：2013年
出品企业：东阳市欧晨卫浴有限公司

作品简介：洗脸台采用产于非洲的刺猬紫檀，它的天生高贵材质有其他木材家具所不能比拟的绝对优势，结构细腻而均匀，条纹亮丽、自然，给人一种奢华至极的美感。此款柜子属于中式系列的红木浴室柜，它的雕花全都是纯手工的雕刻，艺术立体感非常强。整体的设计与精湛的东阳木雕工艺完美结合，传承了中国千年文化，使得柜体雍容华贵，具有极高的品鉴与收藏价值！

明式独板中堂

作品材质：大红酸枝
作品规格：2680mm×500mm×1000mm
出品日期：2013年
出品企业：东阳市御乾堂宫廷红木家具有限公司

作品简介：该套作品是一套明式中堂，由条案、方桌、南宫椅三部分组成。条案为平头案，案面为独板，结构科学，榫卯结构精密，坚固牢实。板料精选木材自然纹理和色泽相近的大红酸枝材料，配以黑框（大红酸枝老料）精制而成，将寓意"连绵不断，子孙万代，吉利深长，富贵不断头"的传统回纹，运用到明式中堂牙板、束腰等处加以点缀，精致的回纹点缀于产品的每一个细节，十分引人注目。造型简练，古朴大方，有一种"清水出芙蓉，天然去雕饰"的韵味，强调了家具的文化气息，彰显出典雅的生活品位。整套家具共6件，该作品具有极高的艺术价值、观赏价值和收藏价值。

红木家具精品汇

中国·东作

南官帽椅三件套

作品材质： 东非黑黄檀
作品规格： 椅620mm×500mm×1060mm
平几420mm×480mm×620mm
出品日期： 2013年
出品企业： 东阳市南市盛世堂红木家具厂

作品简介： 此椅通体采用东非黑黄檀制作，造型雅致，线条流畅，结构精练，型制开张，木质温润，色泽古雅。背板呈S形，用一块整板制成。背板采用丝翎雕刻，鸟儿羽毛毫发毕现，呼之欲出，起到画龙点睛的作用。其他部位通体无饰，朴素大方的造型和明快的线条结构，形成了明式家具独有的风格特点，不失为书房陈设的理想之物。

■ 东作红木走进现代生活

如意画案

作品材质：卢氏黑黄檀
作品规格：2100mm×1000mm
出品日期：2013年
出品企业：广东新会福兴古艺家具

作品简介：本套家具设计简洁清晰、顺畅，有明式风格。在制作上，牙板下面有简洁的
如意沟，再加上传统榫卯结构，坚固得体且实用。

雅韵休闲椅

作品材质：花梨木（缅甸）
作品规格：888mm×650mm×1380mm
　　　　　座位高380mm
出品日期：2013年
出品企业：浙江中信红木家具有限公司

作品简介：雅韵休闲椅具有明式家具圈椅的神韵，没有棱角，而采用圆润的造型，体现出浓厚的文化气息。椅子中间融合现代布艺，体现出圆润、细腻、柔曲、和谐、美满。作品采用传统榫卯结构，底部采用双榫，增强稳定性，靠背采用弧形，座位采用软体垫子，使人感到舒适；椅脑高度与人体自然状态相吻合，椅脑顶端采用浅浮雕刻，寓意人生吉祥如意；四脚上下粗细不等，既体现稳固，又体现灵气。雅韵休闲椅选用优质的缅甸花梨木制作。

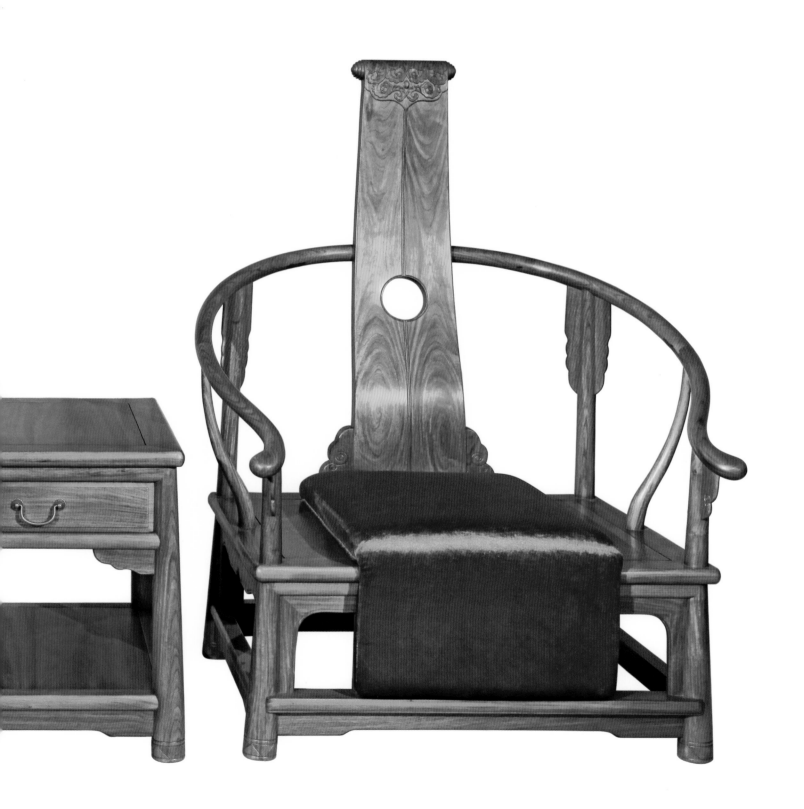

杭生一号西游记沙发

作品材质：红酸枝（中美洲）
作品规格：2520mm×640mm×1200mm
出品日期：2013年
出品企业：东阳市大联红古艺家具厂（杭生红木）

作品简介：此作品耗时两年完成，以《西游记》为题材并结合东阳木雕，
人物栩栩如生，一个个故事浮现在眼前，极具观赏和收藏价值。

让爱发生大床、床头柜

作品材质：花梨木（非洲）
作品规格：大床2220mm×2000mm×1060mm
　　　　　床头柜540mm×540mm×550mm
出品日期：2013年
出品企业：上海艺尊轩红木家具有限公司

作品简介："让爱发生"由公司创始人包天伟专为当代中国年轻人创作的一款新东方家具。牡丹代表富贵，荷花寓意祥和，用现代雕刻手法在家具上体现这些元素，并且取了一个新颖的名字 ——"让爱发生"，以期望人间充满真爱。

东作红木家具精品 · 优秀奖作品

四季平安书房五件套

作品材质：大红酸枝
作品规格：书柜3150mm×380mm×2080mm
　　　　　办公桌1980mm×980mm×810mm
出品日期：2013年
出品企业：东阳市百年好红木家具有限公司

作品简介：书柜为三件套，具有尺寸合理、线条流畅、美观大方的特点。办公用具两
件套，是在原先弯脚办公桌基础上改良而来的，大气、高贵，集欣赏、实用于一体。

清式透雕云龙纹宝座大沙发

作品材质：大红酸枝（老挝）

出品日期：2013年

出品企业：东阳市江南宝典红木家具有限公司

作品简介：本作品以清宫紫檀透雕云龙纹大宝座样式为设计主轴，整组造型可谓气势磅礴、威严肃穆、雄伟大气，尽显皇家风范。作品选用老挝大红酸枝为材料，用料名贵大气。工艺精严极致，将东阳木雕技艺运用得如火纯青，将木雕技艺推向一个新高度。本作品将宫廷家具文化传承价值与当今酒店会所等豪华厅堂实用价值相结合，从而使红木家具所特有的文化魅力与内涵得以不断丰富与延伸，因此，收藏与实用价值颇高。

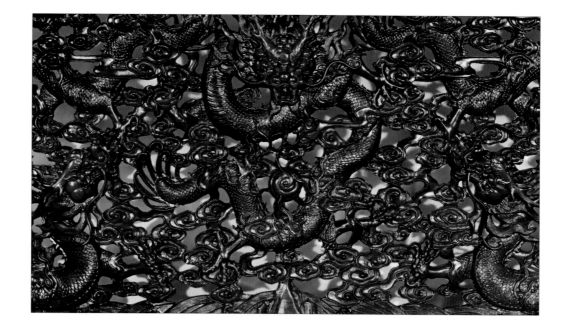

富春山居图罗汉床

作品材质：大红酸枝嵌楠木
作品规格：2320mm×1330mm×1090mm
　　　　　座高510mm
出品日期：2013年
出品企业：东阳市吴宁东木居红木家具厂

作品简介：屏风式床围，楠木上雕刻的图案选用被称为"中国十大传世名画"之一的《富春山居图》，运用东阳木雕的精湛技法将美丽的山水之景表现得秀润淡雅、气度不凡。此床床面下束腰，牙条雕玉宝珠纹及灯草线，腿部边缘亦起灯草线。卷云马蹄，下承托泥。该作品雕工精细，做工精良，其样式、造型将明清家具的制作手法与现代生活的理念相结合，为东作家具的精品！

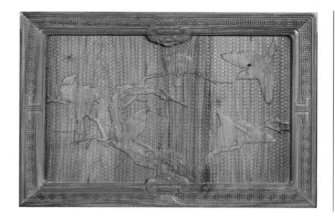

新中式书房系列

作品材质：花梨木（缅甸）
作品规格：书桌1780mm×870mm×790mm
　　　　　书柜1000mm×420mm×2180mm
出品日期：2013年
出品企业：东阳市康乾红木家具有限公司

作品简介：2013年东作红木家具精品评选的主题是"东作红木家具与现代生活"。根据这一命题设计了这一套简洁实用，又不失红木家具自身韵味的书房系列家具。书桌四周雕刻着"三元及第""松鹤延年"等吉祥图案，简洁的书柜设计更适合现代人的生活需要。书桌椅子加大加高，靠背曲线符合人体工程学的要求。整套书桌的尺寸大小符合城市居民的现代生活需求。

红木家具精品汇

中国·东作

东作红木家具精品·优秀奖作品

 南官帽椅

作品材质：小叶紫檀、黄花梨（越南）
作品规格：2000mm×800mm×1300mm
出品日期：2013年
出品企业：凭祥市清宝阁红木家具城

作品简介：南官帽椅是明式家具的代表作之一，椅为圆材，全身光素，尺寸适中。以扶手和搭脑不出头而向下弯扣其直交的枨子为特征。此套南官帽椅在选材及搭配上别出新意，选用了宫廷御用的小叶紫檀和越南黄花梨。靠背采用攒框板数段的制法。整套南官帽椅工艺细腻、严谨，线条明快利落，实属上乘之作。

杭生三号罗汉床

作品材质：大红酸枝
作品规格：2100mm×1100mm×800mm
出品日期：2013年
出品企业：东阳市大联红古艺家具厂（杭生红木）

作品简介：此作品以中国大熊猫为主题，用丝翎檀雕把大熊猫的特性和动态充分体现出来。大熊猫是中国特有珍贵物种，已有数百万年的进化史，是从远古走来的"活化石"，具有极高的观赏、科研和文化价值，深受世界各国人民喜爱。正因如此，它一直被称为中国人民的"友好大使"，积极促进了中华民族与世界各族人民的友谊和了解。早在公元685年武则天时期，大熊猫就作为中国人民的友好信者，被赠送到外国。新中国成立后，大熊猫更是向多个国家传递着中国人民的友好心意。

富万家二号狮纹宝座沙发

作品材质：红酸枝、黑酸枝
作品规格：3500mm×3500mm×1360mm
出品日期：2013年
出品企业：东阳市富万家红木家私有限公司

作品简介：作品于2011年开始设计，耗时三年制作而成。木材采用红酸枝（巴里黄檀）与黑酸枝（阔叶黄檀）。作品上、下部采用通雕工艺，花板用浮雕工艺。图案以狮纹、松鹤为主，做工精细，图案雕刻生动。"松"代表四季常青，"鹤"代表长寿，设计、雕刻主题体现出"身体健康、延年益寿"的美好愿景。

汉宫檀雕沙发

作品材质：花梨木（缅甸）
作品规格：长沙发2200mm×650mm
　　　　　短沙发1000mm×650mm
　　　　　长　几1380mm×1080mm
　　　　　短　几580mm×580mm
出品日期：2013年
出品企业：东阳市横店大吉祥红木家具厂

作品简介：沙发靠背以北宋画家崔白的《寒雀图》为主题，运用苏州檀雕工艺来描绘隆冬的黄昏，一群麻雀在古木上安栖入寐的景象。在构图上把雀群分为三部分：左侧三雀，已经憩息安眠，处于静态；右侧二雀，乍来迟到，处于动态；而中间四雀，作为本幅重心，呼应上下左右，栩栩如生的羽毛由动至静，使画面浑然一体。本套家具使用传统刮磨工艺，在油漆方面，选用天然蜂蜡，采用传统烫蜡工艺精心制作。

红木家具精品汇

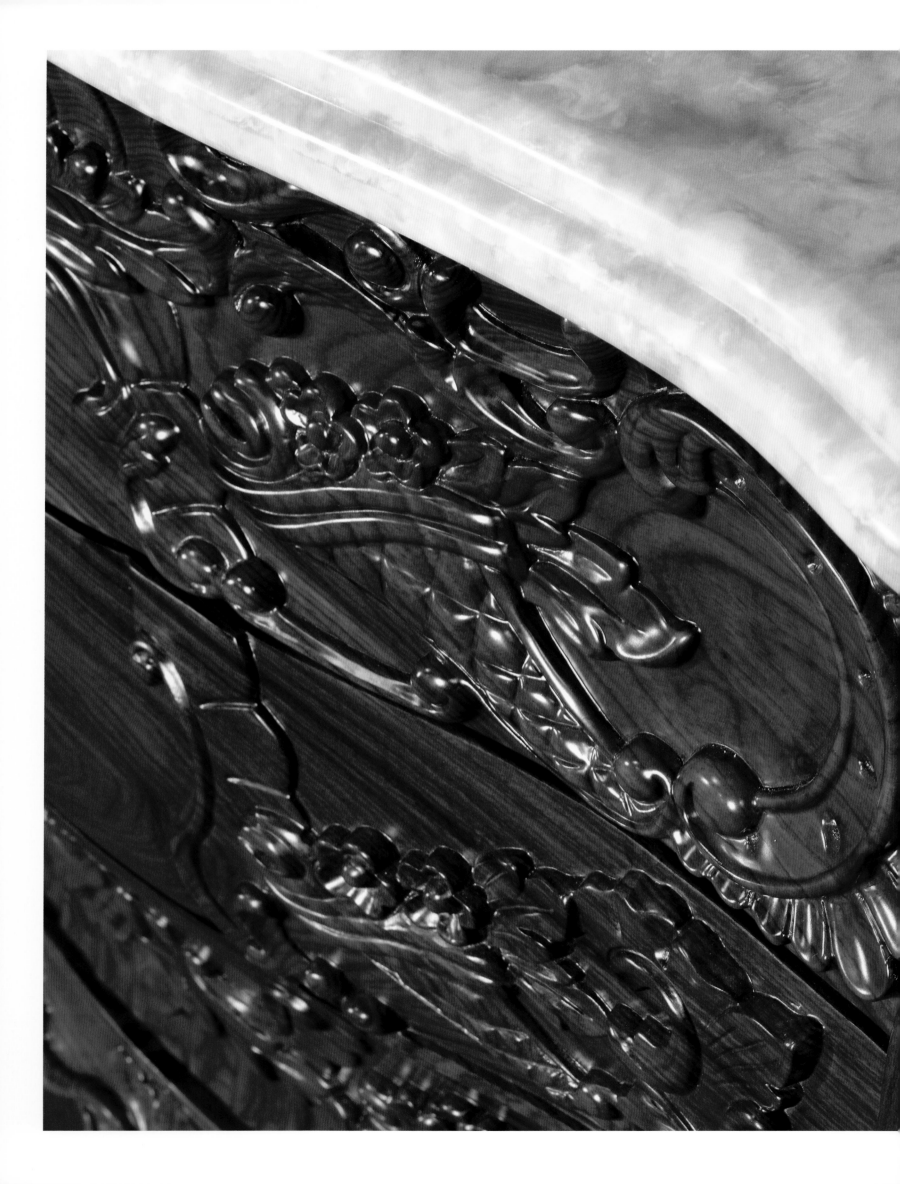

■ 东作红木走进现代生活

东作红木家具精品・优秀奖作品

明式卷书沙发

作品材质：花梨木（缅甸）、东非黑黄檀
出品日期：2013年
出品企业：浙江省东阳市江南宝典红木家具有限公司

作品简介：本作品以明式风韵为主题，器型优美大方，结构完全为榫卯工艺，上身线条流畅细腻，下身腿牙加托泥强劲有力，靠背花板以东非黑黄檀衬托，形、韵、色浑然天成，作品形式选为1+2+3的沙发经典组合，具有极强的实用性与收藏性。

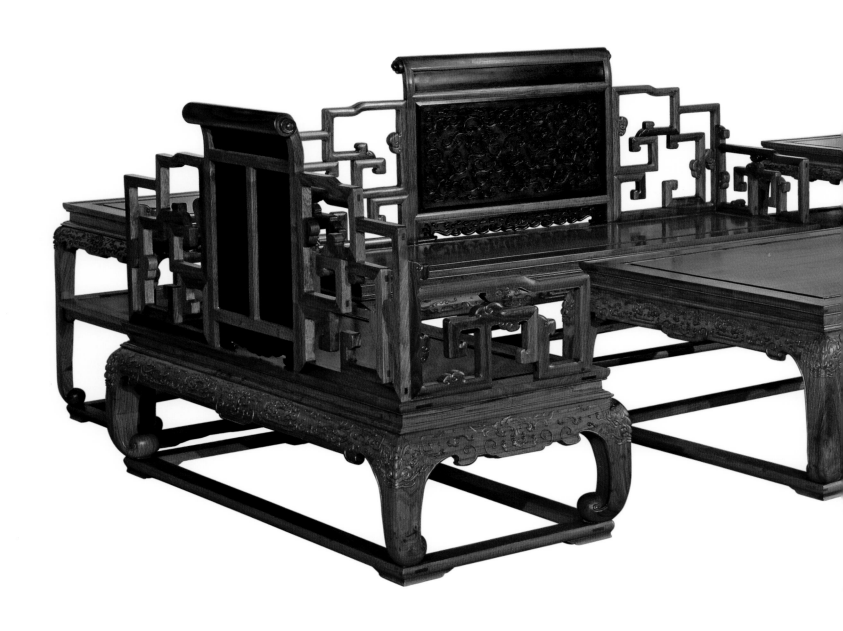

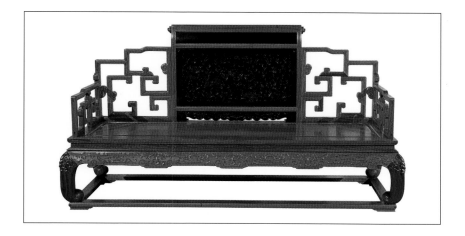

OC-999型洗脸台

作品材质： 刺猬紫檀
作品规格： 1880mm×650mm×860mm
出品日期： 2013年
出品企业： 东阳市欧晨卫浴有限公司

作品简介： OC-999型洗脸台以刺猬紫檀为主材，木材木性坚硬，结构细腻，纹理精致而美丽。此柜采用的是世界顶尖的触碰式滑轨，它是目前行业里最高端的、完美无瑕的中西结合的产品。这款洗脸台让整个卫浴空间充满贵族气息，优雅从容、典雅的外观及精细逼真的雕花装饰，让整个空间古典灵动、韵味十足，给贵族家庭的豪装带来一份值得典藏的品质感！

荷塘月色独板画案

作品材质：大红酸枝
作品规格：2260mm×1060mm×785mm
出品日期：2013年
出品企业：东阳市御乾堂宫廷红木家具有限公司

作品简介：《荷塘月色》是中国著名文学家朱自清任教清华大学时所写的一篇抒情散文，是借月夜荷塘美景抒发情怀，赞赏的是荷花出淤泥而不染的品格！荷叶、荷花、荷香，与蝉声、蛙声、水声相衬，静中有动，动中有静。荷塘月色的美丽是优雅之美，可以令人忘记忧愁，表达了对美好生活的憧憬。荷塘月色独板画案选用大红酸枝黑料和红料精心搭配，全手工雕刻，历时150天完成。"月悬半空映成双，荷塘月色飞鹭来，虫曲蝶舞蛙高唱，荷花傲立香千里。"用木雕的艺术手法栩栩如生地再现了荷塘月色的美景，作品表达了主人高贵的品格和家庭幸福美满的生活，也彰显了新时代廉政和谐向上的社会氛围。该作品具有极高的艺术价值、观赏价值和收藏价值。

松鹤延年麻将台

作品材质：大红酸枝
作品规格：990mm×990mm×830mm
出品日期：2013年
出品企业：东阳市白云唐艺老红木家具厂

作品简介：红木是民族的，麻将亦是民族的，红木配麻将犹如好剑配英雄。松鹤延年麻将桌独具匠心，搭配精雕细琢的吉祥图案，无处不散发着古典的韵味，让现代人在古香古色间交友、娱乐。

 官帽椅

作品材质： 红酸枝（中美洲）

作品规格： 680mm×480mm×1580mm

出品日期： 2013年

出品企业： 东阳市明清宝典木雕工艺厂

作品简介： 本套家具按照传统制作的工艺加以创新扩展，工艺细致，整体呈现出端庄大气、美观实用、经典儒雅的特点。

喜上眉梢落地屏风

作品材质：花梨木（缅甸）
作品规格：2790mm×560mm×2188mm
出品日期：2013年
出品企业：东阳市康乾红木家具有限公司

作品简介：屏风是传统的红木家具，放在大堂门口发挥着挡风辟邪和装饰的作用，因此，屏风的寓意非常重要。一株盘根错节的老梅花树，迎着寒风傲然挺立，枝头上开满了朵朵艳丽的梅花。两只喜鹊登上枝头相互戏耍，好一幅喜上眉梢图。本件家具寓意开门见喜、双喜临门。好画配好书法，作品以流芳百世的《兰亭集序》为主题，前画后书的搭配相得益彰。屏风展示了东阳木雕巧夺天工的技艺，由十几位技艺高超的木雕工艺师历时半年精心雕刻而成。整套屏风雍容华贵、气势宏伟。

两用茶台

作品材质：微凹黄檀
作品规格：1480mm×900mm×800mm
出品日期：2013年
出品企业：东阳市会六红木家具有限公司

作品简介：本作品为中式两用茶台，造型简洁大气又不失实用性，是中国传统文化与实用性的一次融合。整体设计线条流畅，蕴含中国文化之美，桌脚弧度适中，雕刻精美，在细节上颇具心思，与用材完美结合。在空间效果上，占据一张长餐台的空间，却实现了长餐台与茶台两种功用，实用性更强。

灵芝中堂十二件套

作品材质：东非黑黄檀
作品规格：条案2500mm×500mm×1090mm
八仙桌990mm×990mm×800mm
太师椅690mm×52mm×480mm
茶几500mm×500mm×680mm
花架400mm×400mm×1180mm
出品日期：2013年
出品企业：东阳市南市盛世堂红木家具厂

作品简介：灵芝中堂十二件套恢宏大气，精选上好东非黑黄檀精雕细琢，用材硕大，通体无白无补，结构严谨。灵芝又有"瑞芝""瑞草"之称，乃为仙品，传说食之可保长生不老，因此被视为祥瑞之物。此中堂因以雕刻灵芝为主故得其名。方桌面下束腰，桌腿为展腿式，下部缩进，外翻云纹马蹄足，宝座搭脑及背板均雕灵芝纹，腿、足与方桌同样。整体款式造型和谐统一，极尽装饰之美。条案长2500mm，两头卷书纹，东非黑黄檀素以材料难寻而出名，如此长案没有白皮与拼补极为难得，具有极高的观赏和收藏价值，实属不可多得的佳品。如此大器陈列大堂，令居室蓬荜生辉！

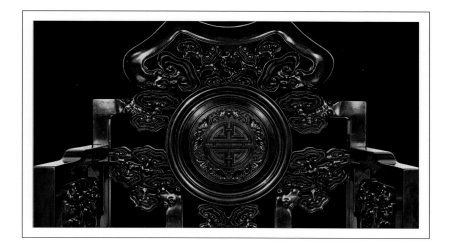

四出头官帽椅

作品材质：花梨木（缅甸）
出品日期：2013年
出品企业：深圳市万盛宇红木家具有限公司

作品简介：四出头官帽椅是一种搭脑和扶手都探出头的椅子，以其造型像古代官员的帽子而得名，同时象征着出人头地的美好愿望。其结构简练至极，完全采用直线和曲线来处理，方中带圆，充分体现了明式家具化繁为简的高尚审美。作品整体看上去大气磅礴，方正稳重之中又带有平缓的曲线之美，昭示着为官之道的首要是正气、刚正不阿，但又要有圆滑处事的智慧。靠背板光素、绚丽，呈S形，圆形立柱与后腿一木连做，两扶手正中下接联帮棍，鹅颈部分向前倾斜，与适合人体靠背的曲线相对唱和，人坐在椅上比较舒适，符合人体工程学。靠背上以浮雕如意纹点缀，与整体搭配和谐，雅致、素朴。官帽椅把宋代以来文人对生活的理解与态度都融进结构与造型，准确反映了当时"学而优则仕"的社会心态，体现了古代人民的高度智慧和精湛技艺。

画堂春幔书房系列

作品材质：非洲花梨木
作品规格：2500mm×2000mm×1950mm
出品日期：2013年
出品企业：东阳市标君工艺品有限公司

作品简介：画堂春幔的字面意思为书画三房静心地创作。
作品的灵感来源于江南的韵味及对生活的品味。

红木家具精品汇

中国·东作

春江花月夜床

作品材质：非洲花梨木
作品规格：2200mm×1800mm×1950mm
出品日期：2013年
出品企业：东阳市标君工艺品有限公司

作品简介：以江南古建筑中的圆洞门及窗格为设计元素进行设计。

 水浒一百零八将落地屏风

作品材质：缅甸花梨木
作品规格：2080mm×1080mm×2100mm
出品日期：2013年
出品企业：东阳市白云唐艺老红木家具厂

作品简介：水浒一百零八将是中华大地脍炙人口的英雄人物，本着颂扬水浒好汉不畏强权、除恶扬善、匡扶正义、大无畏的梁山精神，我公司特制作梁山一百零八将落地屏风一套，敬献给有缘之士。该作品集家居、观赏、收藏于一体，特选用上乘的优质木材精心制作而成。为了更具艺术价值，选择纯手工雕刻，工艺精湛、设计合理，具有大家风范。静观作品，仿佛身临其境，时而铁马金戈，时而豪气万丈。人物及坐骑神态各异、英武生猛。远山近景层次分明，奇峰异木各占鳌头，无不刻画得栩栩如生，不失为一件珍品。

皇宫圈椅

作品材质：大红酸枝
出品日期：2013年
出品企业：深圳市万盛宇红木家具有限公司

作品简介：圈椅的整体造型典雅，线条简洁流畅，比例协调，全榫卯结构，制作工艺精湛，是古代家具中的代表作之一。"天圆地方"是中国人文化中典型的宇宙观。圈椅是方与圆相结合的造型，上圆下方，以圆为主旋律。圆象征和谐、幸福；方是稳健，象征力量。方与圆也是很重要的处世哲学，圈椅的造型完美地体现了这一理念。椅圈的线条柔美、流畅，所形成流畅的大圆弧，彰显的是一种包容、大度的胸怀。大圆弧的榫卯结构镶接得天衣无缝，浑然天成。靠背按人体的脊椎设计成一定弧度的"C"字形，完全符合现代人体工程学。扶手上雕的是三维镂空卷草纹，此种雕刻手法使其变得灵气逼人，充满生命力。脚花雕刻的是立体的荷叶边，点缀得雅致精美。皇宫圈椅的造型巧妙，既有雅致、朴素的特点，又不失皇家华丽，各元素的完美结合使其成为清式家具的典范。

松鹤延年帝式檀雕茶桌

作品材质：大红酸枝
作品规格：桌1260mm×620mm
　　　　　椅700mm×550mm×1070mm
出品日期：2013年
出品企业：东阳市帝尔神红木艺术家具有限公司

作品简介：本套家具以中国古代"松鹤延年"为主题，在创新设计方面具有极高的造诣。家具共设五张茶椅和一张茶桌，造型雅致，雕饰精美。圆形茶桌桌面运用了"帝式檀雕"工艺精雕。仙鹤姿态各异，或昂首啼鸣，或俯首舐羽，精雕细刻，惟妙惟肖。茶椅造型稳重，线条流畅、生动，显得十分雅致。整套作品稳健高雅，华丽又不过分雍容，实为一套不可多得的艺术珍品。

双狮三件套

作品材质：紫檀木（印度）
作品规格：椅子665mm×570mm×1015mm
　　　　　平几480mm×480mm×765mm
出品日期：2013年
出品企业：东阳市旭东工艺品有限公司

作品简介：整套家具全部用印度小叶紫檀打造，木质精美，造型融合明式家具之简约、清式家具之瑰丽于一体，极具观赏与收藏价值。宝座整体饰有喜庆纹饰及吉祥图案，刀法精密，圆润浑厚，不露刀痕。画卷形的靠背枕头造型新颖。靠背两侧、扶手活榫安装，呈拐子纹，古朴典雅，空灵有致。座面以下束腰，直腿矗立，沉稳大气；推拉式脚踏由榫卯拼接而成，独运匠心。

皇宫椅

作品材质：香枝木
作品规格：2000mm×1000mm×1100mm
出品日期：2013年
出品企业：凭祥市清宝阁红木家具城

作品简介：皇宫椅是中华民族木质家具文化的杰出代表，承载着中华民族的智慧和厚重的文化底蕴。此套皇宫椅制作严格，选用上乘的越南香枝木，全部榫卯结构，环环相扣，面下束腰，鼓腿彭牙，内翻马蹄，带托泥，面上四角立柱，背板正中透雕卷草纹，下端皱镂云纹亮角。另在扶手尽头和四足两侧利用本来剔去的木料透雕卷草纹，既美观又起到了加固作用。雕刻精美且端坐舒适，霸气却不张扬，灵动却不失劲力，雍容华贵中透着儒雅，尽显"内圣外王"的非凡气度。

真龙架子床

作品材质：卢氏黑黄檀
作品规格：2200mm×1800mm×2300mm
出品日期：2013年
出品企业：广东新会锦轩古典家具厂

作品简介：本件家具豪华庄重，具有清式风格。在制作上采用传统榫卯结构，坚固实用、精工细琢，彰显出皇家气派。

盛会中堂

作品材质：条纹乌木
作品规格：3850mm×4790mm×1420mm
出品日期：2013年
出品企业：东阳市南马雅典红木家具厂

作品简介：盛世繁华，聚会贤德于中堂，是为"盛会中堂"。说到盛会不得不说到一千六百余年前的兰亭集会。东晋永和年间，四十余位名士在兰亭集会，由此诞生了王羲之《兰亭集序》这一艺术瑰宝。本公司以此为引，发"聚会贤德于中堂"这一宏愿，构思创作了"盛会中堂"红木家具作品。作品整体庄重大方，富有文人气息。融汇东作与东阳木雕之精髓，平衡两者之优劣，凝结于中堂之中。少匠气而多实用，少浮夸而多积淀。作品在中堂原有的器形上做出了很大变化。将椅子扶手与条案相结合，使整个作品融为一体。从形式上突破和创新，勇于打破常规格局，从而增添了作品的艺术生命力，在花纹上契合主题。其中靠背、角花等运用了大量的硬折线条作装饰，铺垫出一种浩气凛然的氛围，并且巧妙地与回纹脚相呼应，更显得庄重、朴素。以仙鹤与祥云为图案，穿插其中，增添了几分生动有趣，思绪不经意间跃入其中，享受与亲朋相聚之喜悦。

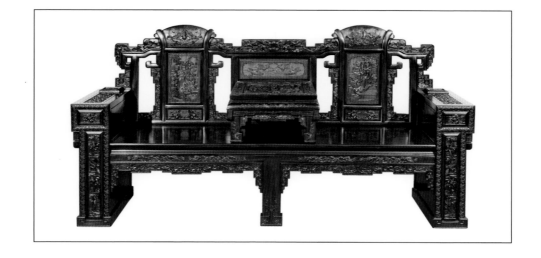

天圆地方椅

作品材质：东非黑黄檀
作品规格：椅585mm×575mm×795mm
　　　　　几575mm×575mm×402mm
出品日期：2013年
出品企业：浙江卓木王红木家具有限公司

作品简介："智欲其圆道，行欲其方正。"圆，是中国道教通变、趋时的学问；方，是中国儒家人格修养的理想境界。圆方互容，儒道互补，构成了中国传统文化的主体精神。"天圆地方"蕴涵着"日月天空"和"生命大地"。坐椅四面方正有棱角，方于外而圆于内，寓意着心性圆融以通达，命事严谨而成条例。四方椅面中间融合圆形与凹形，既符合人体工程学又契合主题。纯手工打造，充分体现了精湛的工艺与深厚的东方文化底蕴。倚坐于此，世间括于胸怀之内，气定神闲，怡然自得。

红酸枝鹿角椅

作品材质：红酸枝（中美洲）
作品规格：3200mm×1600mm
出品日期：2013年
出品企业：广东新会一家家具厂

作品简介：作品设计源于鹿角优美的曲线，以名贵黄花梨精制而成。在制作上，结合清式皇家御用家具的特点。以传统手工制作，形态各异，优美气派。

花鸟宝座沙发

作品材质：大红酸枝（老挝）
出品日期：2013年
出品企业：东阳市古艺轩红木家具厂

作品简介：作品的外形根据现代家居的摆设来设计，参考故宫内的一张菊花宝座演变而来，造型独特。木工制作过程中无一钉，全用传统的榫卯结构制成。木雕由著名的第一届中国木雕状元夏浪制作的，彰显出高超的技艺。作品选用老挝大红酸枝制作。整个作品慢慢看，便可品味无穷。

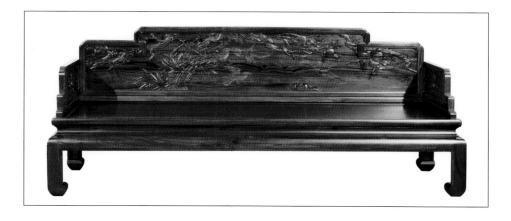

天圆地方贵妃椅

作品材质：东非黑黄檀
作品规格：1850mm×630mm×1010mm
出品日期：2013年
出品企业：上海艺尊轩红木家具有限公司

作品简介：天圆地方贵妃椅由公司创始人包天伟于2012年亲自设计，作品隽永高华、超凡脱俗，使用全行业的国家级发明专利，突破技术瓶颈，用无缝衔接技术，在常温下永不变形，工艺上无懈可击，形态上至臻至美，为打造民族奢侈品牌树起一面旗帜。

鼓桌鼓凳六件套

作品材质：东非黑黄檀、金丝楠
作品规格：桌1000mm×1000mm×800mm
　　　　　凳350mm×350mm×450mm
出品日期：2013年
出品企业：东阳市南市盛世堂红木家具厂

作品简介：此套东非黑黄檀鼓凳面芯和桌面芯全部采用金丝楠老料，无拼无补，色泽肃穆高雅。东非黑黄檀因外形扭曲而多中空，加工也比较困难，出材率低，鼓牙、鼓腿皆需极好的料子才可以做出这个款式，看着秀气实极费料。形体古朴娟秀，线条流畅优美；彭牙、鼓腹，牙板、腹部雕以夔龙纹，底撑饰同心圆形踏板。配以鼓形五只圆凳，端庄秀丽，比例完美。桌凳虚实相间，相映成趣，设于厅堂之中，美观实用。东非黑黄檀的密度高达1.3；其加工后色泽、触感极似犀牛角，故民间又有"犀牛角紫檀"之称。东非黑黄檀坚硬、滑润，其切面打磨后形成的包浆非常亮丽，似铜镜可鉴，又恰似缎子的表面，令人联想起美玉。因此，东非黑黄檀的魅力既在于目赏，更在于手抚。东非黑黄檀这种视觉上的光洁如玉，源于它肌理紧密，棕眼稀少，油质厚重。加以九龙堂能工巧匠精心制作、打磨，不失为一件收藏珍品。

盛世宝座

作品材质：花梨木（缅甸）
作品规格：1450mm×1180mm×1800mm
出品日期：2013年
出品企业：浙江万家宜家具有限公司

作品简介：采用了东阳木雕的技法，传统的榫卯结构，造型精美大气。以有着鲜明中国特色的狮子为主题，故取名"盛世宝座"。狮子形态生动，双目圆瞪，三鬃毛丰厚卷曲，有着神圣、庄严、吉祥的寓意。威武的狮子是权力的象征，有"镇宅、护身"之说。椅背林泉山色，仙人来往，侧面雕饰松鹤延年，底座雕饰回字纹，扶手圆润宽厚，在呈现恬静祥和的同时，营造出庄重、大气、高贵的氛围。

百子百福架子床

作品材质：大红酸枝、楠木
作品规格：2380mm×2320mm×1930mm
出品日期：2013年
出品企业：东阳市吴宁东木居红木家具厂

作品简介：床四角设立柱，四面挂檐装百子图花板，取"百子百福"之意，正面后面门围子为两截，上部装鸳鸯戏水花板，下部透雕云纹，加之梅花鹿，寓意圆满合谐、多福多寿。挂檐与床围之间透雕福寿纹花板，该花板中包含多种寓意福寿的事物，侧面围子装百子百福花板，床面下束腰与牙条以简洁线条装饰，再配以兽首虎足的四只床脚。此床雕饰繁复精致，但未沾染一丝琐碎堆砌之气，其结体布势虚实相间，疏密得体，加上两个缩小架子床作为床头柜使用，大大增强了此床的实用性，可谓东作家具之精品。

中华第一柜

作品材质：大红酸枝、大叶紫檀
作品规格：15000mm×1200mm×4000mm
出品日期：2013年
出品企业：浙江大清翰林古典艺术家具有限公司

作品简介：此柜总长12.8m、高3.6m。在设计中，吴腾飞大师大胆采用了颜色反差较大的红酸枝和紫檀木为主材，突出其视觉美感。通体雕有南宋画家楼俦所作48幅《耕织图诗》，其中耕图24幅，织图24幅，集中体现了中国古代美丽的小农经济图景，每幅图的背面有诗与之相配。犁田、播种、插秧、耕田、灌溉、收割、打场、堆稻草、碓米、养殖、采桑、喂蚕、结茧、巢丝、煮茧、纺丝、织绸、敬蚕神等劳作场面被雕得栩栩如生，可使人立体地观察和了解过去社会的原生形态。经过几百年长期实践，东阳的木雕艺术积累了丰富的创作经验，仔细观察这些木雕作品，为了使人物部分更显突出，都是在中上部分挖得较深，下三分之一部分相对较浅，这样在深的部位所雕人物的头、手、胸在散光的投影下，产生如在动作的幻觉，如果你有心注视那一幅幅画面，就渐渐能感觉到作品中流动的空气，那是一股能触动人灵魂的气息。男耕女织的勤劳习性养育了东阳人，明至清末，这里已是十室九工、十户之村不废诵读的太平景象，成了仁义礼治之邦，人文渊薮之地，被誉为"婺之望县"。而这一切得益于中华民族深厚的文化底蕴，怎样让历史的遗存再现，让民间流传的传统精神更具有生命力，从而凝聚我华夏子孙的正能量，这是我们当代东阳人必须提倡并实行的。因此设计此世纪之柜，使传统手工艺得到发扬与继承，把东阳木雕推向世界的高度，成为人类永恒的精神财富。

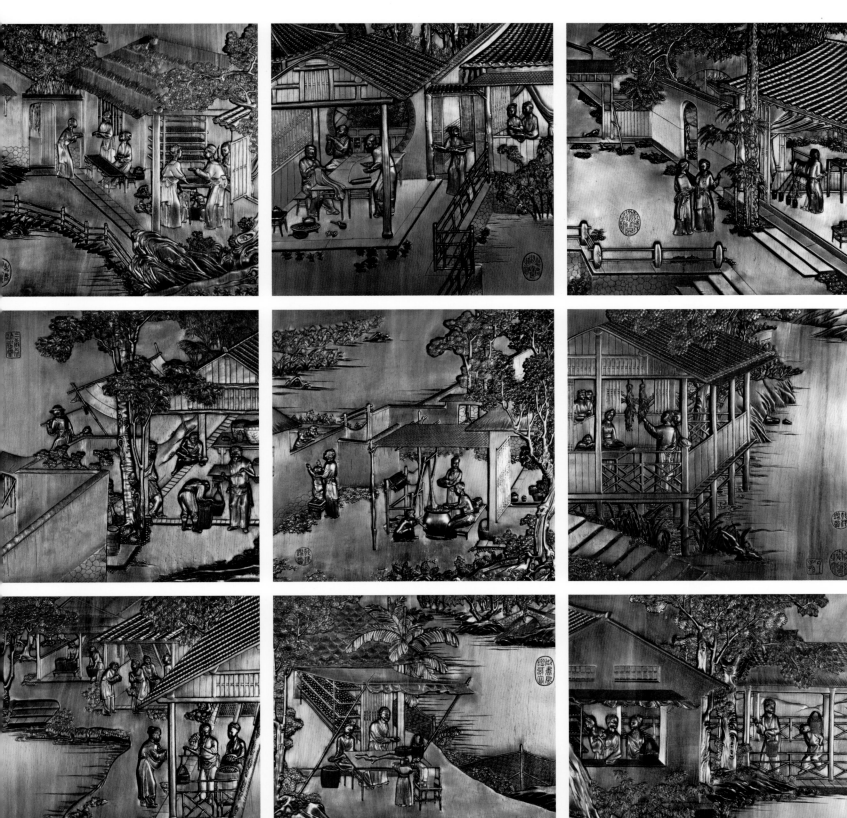

主　编：李黎明

副 主 编：曹益民　应杭华

编　委：金欲媚　何　婷　叶洪军

执行编辑：应杭华　王　虹　全龙飞

装帧设计：埃克迅设计机构

摄　影：艺泰商业摄影机构

图书在版编目(CIP)数据

东方新奢：红木家具精品汇/ 李黎明 主编 —武汉：华中科技大学出版社，2014.11
ISBN 978-7-5680-0391-9
I. ①中… II. ①李… III. ①红木科－木家具－东阳市 IV. ①TS666.255.3

中国版本图书馆CIP数据核字(2014)第212618号

东方新奢 红木家具精品汇

李黎明 主编

出版发行：华中科技大学出版社（中国·武汉）
地　址：武汉市武昌珞喻路1037号 （邮编：430074）
出 版 人：阮海洪

责任编辑：曾　晟　　　　　　　　　　　　　　　　　　责任监印：秦　英
责任校对：赵爱华　　　　　　　　　　　　　　　　　　装帧设计：埃克迅设计机构

印　刷：北京雅昌艺术印刷有限公司
开　本：889 mm×1194 mm　1/8
印　张：25
字　数：100千字
版　次：2014年11月第1版第1次印刷
定　价：528.00元(USD 99.99)